CALENTAMIENTO INDUSTRIAL ELÉCTRICO Y POR COMBUSTIÓN

Diseño e imágenes: Ana M. Lenarduzzi
                      Río III - Córdoba

Queda hecho el depósito que establece la ley 11.723

Impreso en Argentina

ISBN 978-950-553-207-0

Varetto, Raul H.
   Calentamiento industrial eléctrico y por combustión. -
1ª ed. - Buenos Aires: Librería y Editorial Alsina, 2011.
108 p. ; 23x15 cm.

   ISBN 978-950-553-207-0

   1. Calentamiento Industrial . I. Título
CDD 697.07

RAÚL H. VARETTO

Técnico mecánico electricista
Escuela Industrial Superior
anexa a la Facultad de Ingeniería Química
Universidad Nacional del Litoral
Santa Fe - República Argentina

CALENTAMIENTO INDUSTRIAL ELÉCTRICO Y POR COMBUSTIÓN

LIBRERÍA Y EDITORIAL ALSINA
Paraná 137 - (C1017AAC) Buenos Aires
Telefax: (54) (011) 4371-9309 / (54) (011) 4373-2942
info@lealsina.com   www.lealsina.com
ARGENTINA

2011

ÍNDICE GENERAL

EL AUTOR 9

PRÓLOGO 11

CAPÍTULO 1: RESISTENCIAS – CÁLCULO Y UNIDADES 13

Ley de Ohm, **13**; Aplicaciones de las resistencias, **14**; Cálculo de resistencias, **17**; Ley de Joule, **19**; Energía, **22**; Equivalencia de las unidades de medida, **23**; Trabajo eléctrico y potencia, **23**.

CAPÍTULO 2: APARATOS PARA CALENTAMIENTO
ELÉCTRICO Y HORNOS 25

Cálculo de los aparatos de caldeo y cocción, **25**; Otra forma de calcular, **28**; Acumulación del calor, **29**; Balance térmico, **29**; Descripción general de hornos eléctricos y estufas, **30**; Resistores, **31**; Estufas de resistores, **31**; Forma del conductor para resistencias, **31**.

CAPÍTULO 3: QUEMADORES DE GAS 35

Conexiónes quemador a gas multitobera atmosférica, **35**; Quemador multitobera para gas natural, **36**; Quemador premezcla con regulador cero, **37**; Conexionado eléctrico bornera tablero de control, **38**; Quemador a gas natural monotobera con ventilador de 600.000 Cal/h, **39**; Diagrama de tiempos para quemadores para barrido, encendido y post combustión correspondiente a un equipo electrónico de seguridad de llama, **40**; Quemador lanzallamas, **41**; Dispositivo de control de combustión para gas "alto y bajo fuego", **44**; Control y protección de quemadores de gas, **44**; Fotorresistencias, **45**; Transformador de ignición, **47**; Dispositivo para ignición, **47**; Diseño de un venturi para gas, **47**; Tabla de propiedades de los combustibles, **49**.

CAPÍTULO 4: QUEMADORES DE COMBUSTIBLES LÍQUIDOS 51

Quemadores de potencia, **51**; Quemador dual: gas-combustible líquido, **51**; Montaje de un quemador de potencia, **52**; Quemadores a presión, **53**; Pulverizador o atomizador de aceite a presión, **54**.

CAPÍTULO 5: TERMOTANQUES CALDERAS Y HORNOS 57

Termotanques horizontales y verticales, **57**; Generador de agua caliente, **57**; Caldera de combustión presurizada para vapor, **58**; Hogares para combustibles líquidos, **59**; Tabla para cámaras de combustión, **61**; Disposición de cámaras de combustión en hornos, **64**; Capacidad de una instalación de calderas, **64**.

CAPÍTULO 6: EQUIPOS DE MANDO Y PROPULSIÓN 67

Contactores tripolares, **67**; Motor con fase auxiliar (bobinado auxiliar) llamado "fase partida", **68**; Motor monofásico con capacitor, **68**; Tiro de los hogares, **69**; Tiraje h en conductos de evacuación, **69**; Secciones de conductos (chimenea), **70**; Ventilador centrífugo para quemadores, **70**; Leyes de los ventiladores (Fan Laws), **71**; Motores asincrónicos trifásicos, **73**; Puesta en marcha, **75**; Circuito funcional de maniobras estrella-triángulo, **80**.

CAPÍTULO 7: INSTALACIONES Y MEDICIONES 81

Instalaciones eléctricas, **81**; Instalación en áreas explosivas, **84**; Continuidad a tierra en artefactos, **87**; Medición de continuidad a tierra, **88**; Motores eléctricos de los quemadores, **89**.

APÉNDICE 91

Algunas indicaciones a tener en cuenta para conexión de quemadores a hornos, **91**; Diseño de resistencia para calentamiento, **92**; Hornos eléctricos con conexión trifásica, **98**; Generación de vapor, **99**; Horno con recirculación del gas combustionado mediante ventilador, **106**.

BIBLIOGRAFÍA 108

EL AUTOR

Raúl Humberto Varetto, egresado de la Escuela Industrial Superior anexa a la Facultad de Ingeniería Química de la Universidad Nacional del Litoral, Santa Fé, República Argentina.

Como técnico realizó una vasta experiencia profesional trabajando en la industria química en las plantas de ATANOR de Río Tercero, Córdoba, como así también en la CENTRAL NUCLEAR en Embalse durante el montaje y puesta en marcha. Desarrolló tareas en el montaje de máquinas eléctricas y tableros de comando y la comercialización de aparatos de maniobra eléctricos. En la industria en general realizó proyectos, diseños y montajes de sistemas de calentamiento eléctricos y por fluidos combustibles para hornos, secadores y procesos de intercambio de calor.

En la docencia actuó en la Escuela Nacional de Educación Técnica N° 1 General Manuel N. Savio y en la Escuela Superior de Comercio de Río Tercero.

PRÓLOGO

En el presente libro el autor desarrolló su experiencia en las instalaciones de calor para los usos industriales de hornos, secadores, calderas de vapor y agua caliente, utilizando la energía eléctrica y la de fluidos combustibles

En el mismo, el texto comienza con cálculos y diseño para calentamiento por resistencias, obtención de dimensiones para los aparatos según su uso y producción. En los sistemas de calor con quemadores, ya sean de gas o líquidos, se expresan los cálculos y dimensionamiento de quemadores, cámaras de combustión y consumos. Para completar el texto con cuestiones relacionadas, se publican sensores de llama, relés de encendido, transformadores de ignición. Para las instalaciones de combustión se agregan temas como ventiladores de aire forzado y tiro, motores eléctricos de accionamiento mono y trifásicos; revisión de instalaciones eléctricas comunes y detalle de las antiexplosivas para donde se manipulan gases y fluidos inflamables.

En el apéndice se presenta un desarrollo practico, con su calculo teórico, croquis, detalles constructivos especiales (trucos de diseño) y fotografía ilustrativa de un tanque para deposito, calentamiento y trasvase de asfalto en una planta de producción de mezcla asfáltica en caliente.

LOS EDITORES

CAPÍTULO 1
RESISTENCIAS – CÁLCULO Y UNIDADES

LEY DE OHM

En este libro haremos cálculos de resistencia eléctrica, porque es una aplicación directa del calentamiento por el paso de una corriente (intensidad) por un conductor gracias a la fuerza propulsora cuyo valor de existencia la tenemos por la diferencia de tensión entre la entrada y salida que llamamos U o mejor ΔU (diferencia). Jorge Simón Ohm precisó las relaciones de que hablamos quien formuló la Ley más importante de la Electrotecnia - LEY DE OHM. En la ecuación tenemos I amperes, R ohm y V volts. Si $I = 1A$; $R = 1$ ohm; U valdrá 1 voltio o volt en honor de Volta físico italiano.

$$I = \frac{U}{R} \quad \frac{Volt}{ohm} = Amperes$$

Resistencias

En esta obra nos interesan los conductores que tengan algún valor más importante de resistencia con el fin de lograr que se caliente mucho más al paso de una corriente.

Volviendo a la Ley de Ohm cuando fue descubierta se encontró que el valor de la resistencia depende de la longitud o largo, también de su sección transversal (más grande menos resistencia) y por último del tipo de material que se trate. El valor del material se llama "resistencia específica o resistividad" y se denomina con la letra griega (ρ) por lo tanto surge una fórmula de R:

$$R = \frac{l.\rho}{s} = \frac{\rho.m}{mm^2}$$

siendo l = metros, $s = mm^2$

Por ejemplo para la resistencia constatan

$$\rho = 0,5 \text{ a } 20\,°C$$

APLICACIONES DE LAS RESISTENCIAS

Las resistencias calentantes las encontramos en todo tipo de artefacto doméstico, comercial o industrial que requiere temperaturas que sirvan para la cocción y también tratamientos térmicos.

El uso depende de la potencia en watts, tensión, intensidad, superficie de calentamiento, temperatura del alambre, diámetro, sección y largo, tiempo para llegar a la temperatura de régimen y otras características:

Energía eléctrica disipada

Hay una caída de tensión $R.I$ y la disipación de potencia será $R.I^2 = watts$ o también

$$W = \frac{E^2}{R} \frac{tension\ al\ cuadrado}{resistencia\ ohm}$$

Esta energía W (watts) se transforma en calor o sea las calorías obtenidas (Cal) serán:

$$Cal = \frac{R.I^2}{4,187} calorías/segundo$$

$$Cal = \frac{kw}{4,187} calorías/segundo$$

$$Cal = \frac{kw.60}{4,187} cal/minuto \qquad Cal = \frac{kw.3600}{4,187} cal/h$$

Siendo una Kcal/s = 4,187 Kw

Cuando un conductor resistivo sube de temperatura el valor de la resistencia en ohm cambia subiendo, ese cambio depende de cada material y su variación se puede calcular usando un coeficiente llamado (∞) y la ecuación aparece así:

$$R_c = R_f \cdot \infty \cdot (t_2 - t_1)$$

Siendo $\infty = 0,004$ para cobre y R_c = resistencia en caliente; R_f = resistencia en frío; y la diferencia de temperaturas.

Conductores empleados en electrotecnia para aparatos de calentamiento

Para bajas temperaturas, 200 a 300 °C, como ser estufas y secadores se emplea hierro, aleaciones de plata, níquel puro, aleación de acero con níquel.

Para grandes resistores de calentamiento de aire en secadores y eliminadores de humedad, se emplean cintas delgadas y bastante largas de hierro.

Para hornillos, accesorios de cocina, se emplea el cromo níquel con 20 a 30% de cromo y el resto níquel. En el comercio estas aleaciones se conocían como nicrome, cromore, etc. Estas aleaciones tienen una alta resistencia específica 0,9 a 1,10, o sea de 50 a 70 veces mayor que la de cobre, funden a 1.200 a 1.500° C y son casi inoxidables a una alta temperatura. Se fabrican en alambre o cinta. Para temperaturas más bajas 400 a 500 °C se usará hierro con níquel y cromo; níquel puro y acero al níquel.

TABLA RESISTIVIDAD

Conductores	Resistividad por m y por mm^2
Aluminio crudo para línea aérea	0,0284
Aluminio aleación para línea eléctrica	0,0325
Plata recocida	0,016
Plata cruda trafilada	0,017
Hierro trafilado común	0,12-0,14
Hierro con 1% de Si	0,24
Hierro con 3,5% de Si	0,50
Acero 99% de hierro	0,153

Conductores	Resistividad por m y por mm^2
Acero 99,5% de hierro	0,123
Acero 99,9% de hierro	0,102
Mercurio	0,958
Níquel	0,13
Oro (recocido)	0,0214
Cobre electrolítico recocido	0,0174
Cobre electrolítico crudo	0,0178
Cobre	0,0172
Zinc	0,065
Estaño	0,11-0,14
Platino	0,10
Plomo laminado (tubos)	0,21
Bronce	0,13-,029
Latón en alambre (30% de Zn)	0,07-0,08
Grafito y carbón de retorta	13 a 100
Platino rodio (10% de Rodio)	0,20
Constantan (60 Cu + 40 Ni)	0,49
Nicrom (Cromoníquel al 30% de Ni)	0,95-1,00
(Cromoníquel al 15% de Ni)	0,94
Níquel acero	0,87
Carbón para horno eléctrico	31-35
Grafito	8,2
Tungsteno (alambre recocido)	0,05

Hilos de resistencia; colores que asumen cuando llegan a determinadas temperaturas

Con esta tabla de colores pretendemos que el calculista de resistencia ingrese a manuales o folletos donde en base a este color, obtiene el material, como ser alambre de níquel-cromo al aire, ejemplo: para 0,95 mm^2, diámetro 1,1 mm para 900 °C circularán 14,6 A a través de 1,2214 ohm/m. Obtenemos el color rojo cereza.

Rojo apenas visible	525°	Naranja oscuro	1100°
Rojo oscuro	700°	Naranja claro	1200°

Rojo oscuro cereza	800°	Blanco claro	1300°
Rojo cereza	900°	Blanco reluciente	1400°
Rojo claro	1000°	Blanco vivísimo	1500° - 1600°

CÁLCULO DE RESISTENCIAS

Iniciamos este tema con un método práctico, muy común en los talleres, para diseñar aparatos de calentamiento que funcionan gracias a las resistencias calentantes trabajando en las cercanías del rojo. Más adelante exponemos los fundamentos teóricos y otros cálculos importantes.

Debemos determinar la sección en mm^2 necesaria del alambre conductor para calcular la longitud del mismo y realizar su construcción.

Elegimos primero la calidad del hilo que será tipo Nicrome (Níquel-Cromo) con resistencia específica (ρ) = 1,12; temperatura de trabajo 900°; peso específico = 8,192; coeficiente de temperatura 0,00017 (datos tomados de una tabla sobre características de metales y aleaciones para resistencias.

Calcularemos para un circuito monofásico adoptando una potencia en watts con tensión en voltios. (Carga no inductiva)

W = 800 Watt (potencia necesaria)
E = 220 Volts (tensión de línea)

$$I = \frac{W}{E} = \frac{800}{220} = 3,63 \ A$$

$I = 3,63 \ A$ (intensidad en Amperes)

$$R = \frac{220}{3,63} = 60,6 \ ohm$$

$R = 60,6 \ ohm$ (resistencia del conductor)

Para la sección S en mm^2 adoptamos una temperatura de 700 °C con lo cual con una sección de 0,096 mm^2 (0,35 mm de diámetro) con I = 3,5 A necesitamos 12,064 ohmios por metro.

Calcularemos la longitud del hilo necesario

$$l = \frac{R.S}{\rho} = \frac{60,6 \ . \ 0,096}{1,12} = 5,19 \ m$$

l = metros (longitud)
ρ = 1,12 Nicrom (resistividad)

En la tabla siguiente se puede ver el valor 0,30 a 0,50 mm de diámetro y 1,7 a 3,6 A para obtener 500 a 700° C.

Datos del alambre de cromo níquel tomado de una tabla con seccioens, diámetros, intensidad en amperes para tantos °C y valor de ohm/metro:

$$l = \frac{60,6}{12,064} = 5,02 \, m \ \text{(muy aproximado)}$$

Para alambre de cromo níquel para aparatos de calentamiento; para obtener de 500 a 700° C de temperatura deben circular:

Diámetro mm	Amperes Totales	$\dfrac{Amp}{mm^2}$	$\dfrac{mm^2}{Amp}$
0,10 – 0,20	0,45 – 1,2	60 – 40	0,017 – 0,025
0,20 – 0,30	1,2 – 1,7	40 – 25	0,025 – 0,04
0,30 – 0,50	1,7 – 3,6	25 – 18	0,04 – 0,055
0,50 – 0,60	3,6 – 4,2	18 – 15	0,05 – 0,065
0,60 – 0,80	4,2 – 7	15 – 14	0,065 – 0,040
0,80 – 1	7 – 10	14 – 10	——

Cálculo de un circuito monofásico para calentamiento

Partiendo de una potencia en Watt conocida y para conectar a una tensión U la corriente absorbida será:

$$I = \frac{watts}{U}$$

W = potencia de la resistencia
U = tensión
S = sección en mm^2 del alambre o cinta
I = intensidad en amperes
R = ohms
K = coeficiente de resistividad a la t °C de trabajo

La resistencia la obtenemos de:

$$R = \frac{U}{I}; \ R = \frac{\rho.l}{S}; \ R = \frac{W}{I^2}$$

La sección S en mm^2 debe poder transportar los amperes necesarios a la temperatura de trabajo. Elegimos la sección de una tabla en folletos o manuales en función de t °C, amperes de circulación por ejemplo $S = 4,9$ mm^2; $d = 2,5$ mm para 300 °C pasarán 21,2 A y tendremos 0,2289 ohm/ metro de cromo níquel.

El largo l lo establecemos por:

$$l = \frac{R.S}{\rho} \quad \text{o} \quad S = \frac{l.\rho}{R}$$

ρ es la resistencia específica del alambre a la temperatura de trabajo.

$$\rho = \frac{R.S}{l} \frac{ohm.mm^2}{m}$$

LEY DE JOULE

Dado que trabajamos con calor eléctrico del tipo industrial nos encontramos que la LEY DE JOULE es la de inmediata aplicación. Se le llama efectos caloríficos de la corriente eléctrica. La intensidad que circula siempre produce calor al cual le llamamos Q. Las relaciones fueron establecidos por el físico JOULE. Al valor de Q lo medimos en "calorías" que es calor necesario para aumentar la temperatura en 1° C y 1 gramo de agua. A las 1000 calorías le llamamos "kilocalorías" o sea 1° C a 1000 gramos de agua. Una corriente de 1 ampere pasando por una resistencia de 1 ohm en cada segundo desarrolla 0,239 calorías que se denominará "equivalente termo eléctrico". La ecuación de Q es:

$Q = 0,239 . U . I . t$ calorías $= 0,000239\ Kcal . U . I . t$

$Q = 0,239 . R . I^2 . t$ calorías $= 0,000239\ Kcal . U . I . t$

t = tiempo en segundos

si $t = 3600$ seg ó 1 hora y $R\ I^2$ = Watts de potencia

$Q = 3600 . 0,239 = 860\ Kcal = 1\ Kwh$

Ejemplo 1: En un recipiente que contiene agua y es calentado por una resistencia eléctrica, ha de llevarse 1 lt de agua de 10 a 100° C en 10 minutos.

La tensión es de 220 V y el rendimiento del sistema es 0,8 (η).

Averiguaremos el valor de la corriente circulante y el valor de la resistencia de calentamiento.

El calor útil para el agua es:

$$Q_u = m \cdot C_e \, (t_2 - t_1) = 1 \cdot 1 \, (100 - 10) = 90 \text{ Cal}$$

$m = 1 \text{ lt} \quad C_e = 1 \text{ (calor específico)} \quad t_2 = 100 \,°C \quad t_1 = 10 \,°C$

$$Q = \frac{Q_u}{\eta} = \frac{90}{0,8} = 112,5 \text{ Cal}$$

$\eta = 0,8$ (rendimiento)

$$I = \frac{Q}{0,239.U.t} = \frac{112,5 \, Cal}{0,239.220.600 \, seg} = 3,56 \, A$$

$$R = \frac{U}{I} = \frac{220}{3,56 \, A} = 61,7 \, \Omega$$

Ejemplo 2: Una resistencia colocada dentro de una cabina para mantenerla a algunos grados más que el ambiente recibe 220 V con 0,45 A, el calor que desarrollará será en 1 hora:

$$Q = 0,239 \cdot 220 \cdot 0,45 \cdot 3600 = 85300 \text{ cal} = 85,3 \text{ Kcal}$$

Rendimiento

No todo el calor que produce la fuente se utiliza para aumentar la temperatura. Parte se pierde por el aire que rodea el productor de calor y los elementos que lo sostienen y contienen.

El rendimiento se expresa con la letra griega η y para equipos eléctricos lo estimamos en 0,8; por lo tanto para un calor útil de 90000 calorías deberemos gastar 90000/0,8 = 112.500 cal = 112,5 Kcal.

Tenemos 3 hornos de 15000 Kcal/h cada uno.

Sabiendo que 1 Kwh = 860 Kcal el trabajo eléctrico de cada horno será en una hora:

$$A_1 = 15000 \div 860 = 17,45 \, kwh$$

La potencia absorbida por cada hora será; para un horno y para los tres hornos:

$$P = 17,45 \div 1 = 17,45 \, kw = 17450 \, W$$

$$P_{total} = 17450 \, W.3 = 52350 \, W = 52,35 \, kw$$

Una resistencia para calentamiento que calentará 100 lt de agua de 10° a 80°, elevar 70°, son necesarias:

$$100 . 70 = 7000 \, Kcal$$

Teniendo en cuenta el rendimiento 0,9, la cantidad que deberá producirse será:

$$7000 \div 0,9 \cong 7780 \, Kcal$$

el trabajo eléctrico es:

$$A = 7780 \div 860 = 9,05 \, kwh$$

esta energía deberá ser introducida en 20 min (1/3 de hora) por lo que la potencia absorbida será:

$$P = \frac{A}{t} = \frac{9,05}{1/3} = 27,15 \, kw$$

Un artefacto eléctrico absorbe 100 W con 220 V

$$I = \frac{P}{U} = \frac{100}{220} = 0,455 \, A$$

la resistencia del circuito interno del artefacto

$$R = \frac{U}{I} = \frac{220}{0,455} = 483 \, \Omega$$

Una estufa desarrolla 20000 Kcal/hora con 220 V sabiendo que 1 kwh = 860 Kcal el trabajo eléctrico será:

$$A = \frac{20000}{860} = 23,2 \, Kwh$$

la potencia será para 1 hora = 23,2 Kw = 23200 W

$$I = \frac{23200}{220} = 105,45 \, A$$

$$R = \frac{220}{105,45} = 2,1 \, \Omega$$

A: trabajo eléctrico en Kwh o Wh

Un motor accionante de una máquina necesita entregar 5 CV con 220 V con un $\eta = 0,8$.

η: rendimiento

Potencia eléctrica P desarrollada:

$$P_m = 5\ CV = 5\ CV\ .\ 735\ w/cv = 3675\ W = 3,67\ kw$$

P_m = potencia mecánica
735 = equivalente de W a CV

$$P_b = \frac{3675}{0,8} = 4580\ W$$

P_b = potencia absorbida
0,8 = η

$$I = \frac{4580}{220} = 20,9\ A$$

ENERGÍA

La cantidad de energía eléctrica consumida en el tiempo se mide en Watt-segundos o Joule. Pero se usa una unidad mayor el Kilowatt hora.

Joule (J) = Amp . Segundo . Volt = Coulomb . Volt

En la tabla que ponemos a continuación se indican valores equivalentes de diversas unidades de medida de cantidades usadas en electrotecnia.

**TABLA VALORES EQUIVALENTES DE LAS UNIDADES DE MEDIDA
DE LA CANTIDAD DE ENERGÍA
(Observar los exponentes negativos)**

	Joule	Wh	Kwh	Kgm	Cvh	Kcal
1 J	1	0,000278	278.10^{-9}	0,102	$0,378.10^{-6}$	0,00024
1 Wh	3600	1	0,001	367	0,00136	0,860
1 Kwh	360000	1000	1	367236	1,36	860
1 Kgm	9,81	0,00272	272.10^{-8}	1	$3,7.10^{-6}$	0,00234
1 Cvh	2647000	736	0,736	270000	1	633
1 Kcal	4186	1,16	0,00116	427	0,00158	1

EQUIVALENCIA DE LAS UNIDADES DE MEDIDA DE LA POTENCIA

Las máquinas y aparatos eléctricos consumen un valor de energía, el flujo de energía en el tiempo (1 segundo) es la potencia. Esta tabla nos permite resolver algunos problemas de uso de energía.

	W	KW	CV	Kgm/seg
1 Watt	1	0,001	0,00136	0,102
1 Kw	1000	1	1,36	102
1 CV	735	0,735	1	75
1 Kgm/seg	9,8	0,0098	0,0133	1

TRABAJO ELÉCTRICO Y POTENCIA

1 watt seg = 0,239 cal
1 Kwh   = 0,239 . 3600 = 860 Kcal

Capítulo 2

APARATOS PARA CALENTAMIENTO ELÉCTRICO Y HORNOS

CÁLCULO DE LOS APARATOS DE CALDEO Y COCCIÓN

Teniendo un peso G de material a calentar en (Kg/h) colocado dentro de una cámara de horno debemos conocer la cantidad de Q *Kcal/h* para aumentar la temperatura desde una inicial t_i °C a la final t_f °C . El calor específico medio c_m entre ambas temperaturas en *Kcal/kg/°C* fórmula para cálculo:

$$Q = G\ (t_f - t_i)\ c_m \qquad (c_m \text{ calor específico medio})$$

puntualizamos que en este calentamiento no hay cambio de estado físico del material.

Tenemos una pérdida de calor en el horno o en la cámara hacia el aire exterior que depende de superficies de paredes, techo, piso, puertas, del aislamiento térmico de la diferencia de temperatura con el exterior y del coeficiente de transmisión K.

Datos: El calor c_m específico vale 0,115 para el hierro y acero, alquitrán 0,50, petróleo 0,50, ladrillo 0,22.

Para calentar 1 kg de hierro desde 20° C hasta 800 °C hacen falta 136 *Kcal* (tomando el c_m = 0,174, temperatura hasta 1100 °C.

Una pérdida normal en hornos se puede estimar en 30% del calor consumido desde el aportado por el resistor o por el combustible.

Superficies radiantes

Cuando trabajamos con $t\ °C > 900\ °C$ conviene en hornos calcular con valores de "carga superficial específica" en W/cm^2, la superficie radiante del conductor calentante en cm^2/ohm o $(cm^2/metro)$ indistintamente. Estamos hablando de un calentamiento no directo, sino por radiación, por eso que usamos $watts/cm^2$ de superficie de alambre o cinta y por metro de longitud.

Superficie radiante en cm^2/m

Alambre (o hilo)

$$cm^2\ /\ m = \frac{\pi.d.1000}{100} = \pi.d.10$$

Cinta (platina)

$$m = \frac{(2.ancho + 2.espesor).1000}{100} = 2.ancho + 2.espesor.10$$

El diámetro d; el ancho y el espesor ponerlos en mm en todas las fórmulas.

Superficie radiante en cm^2/ohm de los conductores

$$cm^2\ /\ ohm = \frac{sup.\ rad.\ en\ cm^2\ /\ m}{resist.\ por\ metro} = \frac{K.I^2}{Ws}$$

K = relación entre las resistencias específicas. a la temperatura de trabajo y a 20° C
I = amperes
Ws = carga sup. admisible según $t\ °C$ del alambre o cinta (temperatura del elemento de calentamiento, de trabajo
R = ohm/metro a $t\ °C$ trabajo (resistencia óhmica)

Carga superficial en Ws/cm^2

La carga superficial es la relación entre la potencia desarrollada por la resistencia en Watts y la superficie radiante de esta resistencia en cm^2/ohm tendremos entonces según $t\ °C$ del elemento calentante:

$$W\ /\ cm^2 = \frac{K.I^2}{cm^2\ /\ ohm}$$

o
$$W \ / \ cm^2 = \frac{\rho.t^\circ}{24,60} \cdot \frac{I^2}{d^3}$$

K = relación resist. Espec. a temperatura de trabajo y a 20° C
I = amperios
S = superficie radiante cm^2/ohm
ρ a 20 °C = resistencia específica a 20° C
ρ a t °C = resistencia a temperatura de trabajo
24,60 = coeficiente empírico

Constante K: es una relación de la resistencia específica a 20° C y la resistencia a otra temperatura.

$$K = \frac{resist. \ esp. \ a \ t \ ^\circ C}{resist. \ esp. \ a \ 20 \ ^\circ C}$$

Como ejemplo los W/cm^2 pueden ir desde 8 W/cm^2 para bajas t °C a 0,50 para altas t °C

Valores de W/cm^2 según t °C

Cromo níquel a   700° = 3,5
Cromo níquel a   900° = 1
Cromo níquel a   800° = 2
Cromo níquel a 1000° = 0,70
Cromo níquel a 1100° = 0,50

Cálculos para usar los $watts/cm^2$ de superficie de resistencia

W = potencia en Watts de la resistencia
E = tensión de línea
I = amperes que circulan por la resistencia
ρ_0 = resistencia específica a 20° C (en aire)
ρ_1 = resistencia específica a $t°$ C de trabajo
R_0 = resistencia de 1 m a 20 °C en aire
R_2 = resistencia a 20 °C (en aire) del total del conductor, todo su largo
S_0 = cm^2 de superficie correspondientes a 1 ohm a 20 °C
C_s = carga superf. W/cm^2 a t °C
24,60 = coeficiente fijo

Ejemplo de cálculo (monofásico)

Pot. = 9000 W E = 150 V t °C = 1000° C

$$\frac{W}{E} = I \qquad I = \frac{9000}{150} = 60 \ A$$

$$\frac{E}{I} = R_2 \qquad R_2 = \frac{150}{60} = 2,5 \; ohm$$

$$\frac{\rho_1}{\rho_0} = K \qquad K = \frac{1,487}{1,34} = 1,11 \qquad a \; \tau = 1000 \;°C \quad (1,487 = \rho_1 \quad 1,34 = \rho_0)$$

$$C_r = 3,5 \; W/cm^2$$

$$\frac{K.I^2}{C_s} = S_0; \qquad \frac{1,11.60^2}{3,5} = 1140 \; cm^2 \, / \, ohm$$

para 1140 cm^2/ohm elegimos cinta de 12 . 0,5 mm que tiene 1135 cm^2/ohm que es equivalente a una sección de 6 mm^2 con una $R = 0,2208 \; ohm/metro$.

Averiguando el largo de cinta necesaria hacemos:

$$\frac{R_0}{K.R_2} = metros; \qquad metros = \frac{2,5}{1,11.0,22} = 10,2 \; m \quad \text{(para usar cinta resistente)}$$

por lo tanto haremos la resistencia con cinta de 10,2 metros de largo.

Si queremos calcular con alambre tomamos el de 4 mm de diámetro, con una sección de 12,57 mm^2 que nos da 1192 cm^2/ohm con 0,106 $ohm/metro$ aplicamos la fórmula de metros $\dfrac{R_0}{K.R_2} = \dfrac{2,5}{1,11.0,106} = 21,25 \; m$

OTRA FORMA DE CALCULAR

Cálculo de los aparatos de caldeo y cocción

Q = Kcal/h; G = Kg/h peso del material
t_i = temperatura inicial t_f temperatura final del material
C_m = Kcal/kg °C (calor específico)

No debe haber cambio de estado físico (vaporización o gasificación).

$$Q = G \, (t_f - t_i) \, C_m$$

Se puede estimar una pérdida de calor aplicando un coeficiente o un porcentaje a Q para que sea mayor.

Cuando se calientan líquidos, alcanzado el punto de ebullición el calor a suministrar es el derivado de las pérdidas.

La superficie (H) de calefacción se calcula por: $\Sigma Q = K . H . \Delta tm$ siendo K = coef. de transmisión del calor; H = superficie de transmisión en m^2.

ACUMULACIÓN DE CALOR

En los hornos el calor se acumula en los muros y solados refractarios, llamamos Q_0 a las Kcal en cuestión. Durante las aperturas de puertas en los recintos calientes se pierde parte de este calor Q_0. El valor de Q_0 es:

$$Q_0 = V_0 \, \gamma_0 \, C_0 \, t_m$$

donde:

$V_0 = m^3$ volumen de refractarios
$\gamma_0 = kg/m^3$ peso específico del material
$C_0 =$ calor específico del refractario (0,21 a 0,24 cal/kg °C)
$t_m =$ temperatura media de paredes

Un gráfico tomado del Manual del Ingeniero HUTTE tomo IV nos dará el valor del calor acumulado para ladrillos refractarios de sílice como ejemplo para una temperatura de trabajo 400 °C se acumularía 16 . $10^4 \, Kcal/m^3$; para 600 °C ; 24 . $10^4 \, Kcal/m^3$.

BALANCE TÉRMICO

Con una temperatura de régimen en el horno el calor total Q_t es igual a la suma del consumo útil Q; más Q_p pérdidas de transmisión de paredes; Q_p calor perdido por chimenea. Un horno frío necesitará el calor $Q_0 +$ Q_t para entrar en régimen.

El consumo útil es:

$$Q = V \, \breve{g} \, c \, (t_s - t_e)$$

$V = m^3$ volumen del material a calentar
$\breve{g} = kg/m^3$ el peso específico
$c =$ calor específico
t_s y $t_e =$ temperaturas del material entrada y salida del horno

El valor de las pérdidas es equivalente al consumo útil $Q_p = Q$; no dudar en asignar a Q_p valores dobles o más de su cifra nominal.

Importante es usar ladrillos refractarios aislantes con valores de conductibilidad bajos, ejemplo a 400 °C un ladrillo refractario ligero tiene un valor λ de conductibilidad igual a 0,24 $Kcal/mh$ °C. Otro ladrillo muy aislante de silicio 0,08 $Kcal/mh$ °C. los valores arriba indicados son en kcalorías por metros de espesor, por hora y por °C. Las pérdidas de calor por humos son:

$$Q_g = V_g \, C_p \, t_g$$

donde:

V_g = m^3/h volumen de los gases a 0° y 760 mm de presión atmosférica
C_p = $Kcal/m^3$ °C calor específico a presión constante por m^3 normal
t_g = temperatura de salida

de una tabla en HUTTE tomamos de las fórmulas de **Rosin** para gases ricos; en m^3/m^3 el volumen teórico de los humos: 0,001140 H_i + 0,25 y el aire teórico necesario: 0,001090 H_i - 0,25.

H_i para el gas natural (poder calorífico inferior) es 8550 $Kcal/m^3m$
C_p para humos del gas natural (calor específico) es a:
    400 °C con 1,15 de exceso de aire
    0,339 $Kcal/m^3 h$ °C
    a 800 °C es 0,516 $Kcal/m^3$ °C
t_g la estimaremos en 400° C

Rendimiento de los aparatos de caldeo y cocción (η)

$$\eta = \frac{potencia - entregada}{potencia - absorbida} < 1$$

Siempre menor de 1.

Ejemplo:

Un horno eléctrico debe calentar 5 lt/h de agua a 100 °C que está a 15 °C ; el η = 0,8 del horno hará consumir:

$$(Calor)\ Q = calor\ esp\ .\ litros\ .\ (100 - 15) =$$
$$= 1\ .\ 5\ .\ 85 = 425\ Cal$$
$$1\ Cal = 1,16\ Wh$$
$$425\ Cal\ .\ 1,16\ Wh = 493\ Wh$$
$$\frac{493}{0,8} = 61,6\ Wh$$

DESCRIPCIÓN GENERAL
DE HORNOS ELÉCTRICOS Y ESTUFAS

Fuera de las aplicaciones más industriales como tratamientos térmicos, cocción de esmaltes vítreos y recocido del vidrio y otros, están las estufas cerradas para secado trabajando a menos de 260 °C.

Calentadores a inducción o sea corrientes inducidas en la carga se usan para metales pero sin llegar a la fusión.

En hornos a inducción sí se funden metales. En hornos de arco se pueden fundir metales y refinar metales y aleaciones.

Hay hornos de resistencia de arco sumergido entre electrodos pueden usar corriente alternativa y corriente continua si se trabaja en baños electrolíticos como para aluminio.

Los hornos de resistores trabajan entre 350 a 1200 °C.

Las cámaras de calentamiento son cerradas con ladrillos refractarios con aislación exterior y cuerpo de chapa de acero con armazón. Los muros de refractario son de 4 ½" de espesor y el aislante 9".

RESISTORES

Se construyen con alambre en espiral y desarrollado en sinuosidades para ocupar mayor superficie en las paredes.

Se estiman para las paredes una potencia de resistores de 20 a 30 Kw/m^2. El material de resistores es 80% Ni y 20% de Cr, se recomienda no pasar de 1400° C con temperatura máxima del horno 1200 °C. Dado el montaje de las resistencias sobre bordes refractarios no puede trabajarse a mayor tensión de 600 V (normal 220 V o 380 V).

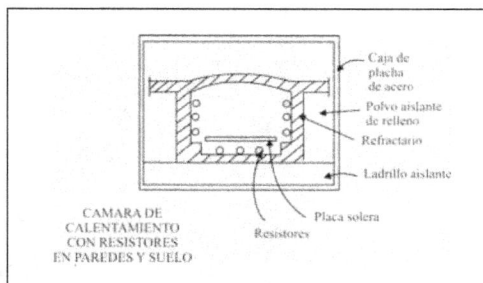

Caja de plancha de acero
Polvo aislante de relleno
Refractario
Ladrillo aislante
CAMARA DE CALENTAMIENTO CON RESISTORES EN PAREDES Y SUELO
Placa solera
Resistores

ESTUFAS DE RESISTORES

No requieren revestimiento interior refractario pero llevan ventiladores para extraer gases y vapores. También el aire en movimiento mejora la transmisión del calor convectivo.

Al extraer vapores o gases no olvidar que estos pueden ser explosivos, ventilar por conducto al exterior.

FORMA DEL CONDUCTOR PARA RESISTENCIAS

Sabemos que en el taller de mantenimiento de varias industrias, el personal de oficio puede fabricar las resistencias para un nuevo horno o para reparación. Si es cambio de resistencia por vejez o avería se vuelve a usar el mismo calibre de alambre con igual largo y separación entre espiras, pero si es una resistencia recientemente calculada por los métodos que vimos en las primera páginas de este libro, deberemos construirla en el taller o encargarla a un comercio especializado que podemos ubicar en las ciudades más grandes.

Sabemos que el conductor para el resistor puede ser alambre (o hilo) para hacer las espirales, (forma de resorte) que sostendremos con aislante adheridos al refractario o al armazón de hierro, también el conductor puede ser cinta (llamada platina) que puede colocarse apretada entre placas planas de por ejemplo: un piso.

La espiral de alambre se realiza arrollando el material en un alma de varilla cilíndrica adecuada al diámetro del alambre. Al hacerlo girando la varilla, el alambre formará un tubo con las espiras apretadas hasta terminar con el largo del alambre. Luego para separar las espiras y formar la espiral abierta debe fijarse en un extremo y haciendo circular una intensidad que caliente a 550 °C se tira del extremo libre alargando regularmente (ver color para 550 °C).

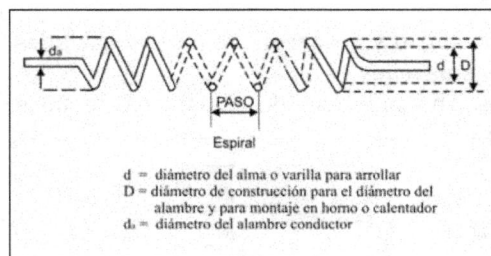

Espiral

d = diámetro del alma o varilla para arrollar
D = diámetro de construcción para el diámetro del alambre y para montaje en horno o calentador
d₀ = diámetro del alambre conductor

Cada espiral individual tiene un largo que surge de la fórmula:

$$(d + d_a) \cdot 3{,}14$$

Los tamaños de resistencias nos llenan las paredes del horno dando la radiación en calorías por m^2 necesaria.

Suministramos algunos valores de superficies radiantes para cálculos de alambres, la superficie es por cada metro. Según obtenemos en algunas tablas se sabe para $t\ °C$ cuanta superficie hace falta de acuerdo a la intensidad que atraviesa el alambre.

Diámetro alambre mm	Superficie en cm² por metro
3	94,25
2	62,83
1,5	47,12
1	31,42
0,75	23,56
0,60	18,85
0,50	15,71

Otros valores interesantes es el de la carga superficial en *watts* por cm^2 según varias temperaturas.

Temperatura °C							
Tipo de alambre	600	700	800	900	1000	1100	1200
Cromo níquel	3,6	3	2	1	0,70	0,50	0,8

Un alambre de cromo níquel que debe trabajar a 700ª C teniendo un diámetro de 1 *mm* (sección 1 = 0,785 mm^2) posee una resistencia de 1,48 ohm metro y deben circular 13 amperes.

Para 900° un alambre de 1 mm de diámetro que tiene 1,50 ohm por metro deben circular 18 amperios.

Estos datos son sacados de tablas en folletos de fabricantes.

Capítulo 3

QUEMADORES DE GAS

CONEXIONES QUEMADOR A GAS
MULTITOBERA ATMOSFÉRICO

Este quemador es de utilización en calderas para agua caliente de las utilizadas en hotelerías y también en hornos para panadería tipo bóveda. Son de largo de llama mediano fáciles de conducir y se encienden utilizando hisopos con querosene encendiendo el quemador piloto, luego de realizar una aireación del hogar o cámara de combustión.

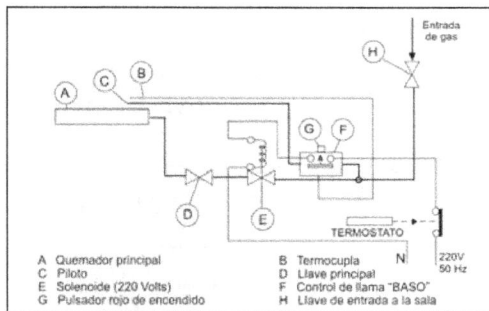

A Quemador principal	B Termocupla
C Piloto	D Llave principal
E Solenoide (220 Volts)	F Control de llama "BASO"
G Pulsador rojo de encendido	H Llave de entrada a la sala

Modo de operar el encendido

Ventilar el hogar o cámara de combustión para dejar libre de gases explosivos y luego se enciende un hisopo con alcohol para proceder al encendido del piloto. Previamente se deberá abrir la llave H, a continuación se pulsa el botón rojo G y el gas saliendo por el orificio del piloto se encenderá al contacto con la llama del hisopo. El tiempo de demora del encendido del piloto se deberá controlar para que no sea prolongado, en ese caso habrá acumulación de gases sin quemar en el horno de la caldera y puede provocar explosión. Si el piloto se ha encendido, la termocupla detectará llama enviando señal al control BASO y este retendrá el piloto encendido aún si se suelta el pulsador rojo. En ese momento con piloto encendido se deberá abrir la llave D que en el encendido debe permanecer cerrada. Esta llave habilita el paso del gas al quemador principal con lo cual con llama principal encendida se termina la operación.

Seguridad de llama

En caso de apagarse la llama principal y piloto, la termocupla actúa deshabilitando los contactos del control BASO y por lo tanto desenergiza la solenoide E con lo cual se cierra el gas al quemador principal, el control BASO cierra por sí mismo el paso al piloto. Para poner en funcionamiento se siguen nuevamente las instrucciones de operación de encendido.

Nota: En caso de apagado del quemador se deben verificar las causas que son variadas pero pueden estar entre las siguientes:

Corrientes de aire violentas que apagan el piloto, falta de gas en red (poco probable), bajo nivel de agua por actuación del control de nivel MAGNETROL, alta temperatura del agua actuó el termostato, corte de energía eléctrica o se fundió el fusible, etc.

QUEMADOR MULTITOBERA
PARA GAS NATURAL

Presentamos el esquema eléctrico de comando y control del quemador colocado en una caldera para agua caliente muy común en sanatorios y grandes unidades habitacionales. Podemos observar que el quemador tiene en su llegada de gas natural una válvula o solenoide de bloqueo que se abre solo si hay un piloto encendido con llama detectada por termocupla. La bomba de agua debe marchar para refrigerar el hogar y transportar el agua caliente a los radiadores.

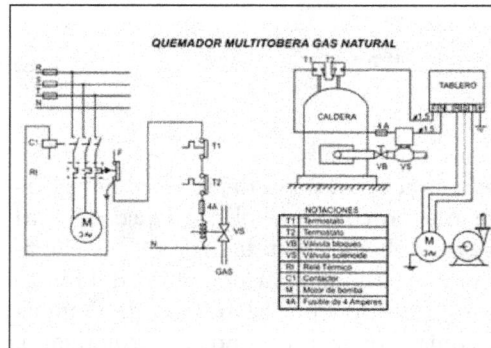

QUEMADOR PREMEZCLA CON REGULADOR CERO

El quemador de premezcla de aire y gas antes de su combustión da llama corta de alto poder calorífico para temple, cementación, forja y crisoles. El gas natural a presión de 100 a 500 mm columna de agua y aire forzado de 200 a 1500 mm columna de agua. Puede trabajar desde plena carga hasta solo el 10% (tiene un registro a tornillo regulador-limitador. Puede absorber desde 140 m^3/h a 1.300.000 Cal/h de G.N. (gas natural). La boquilla lanzallamas es para 700 °C y para más temperatura es de acero inoxidable 304. Como alimentador de varias bocas permite una regulación centralizada.

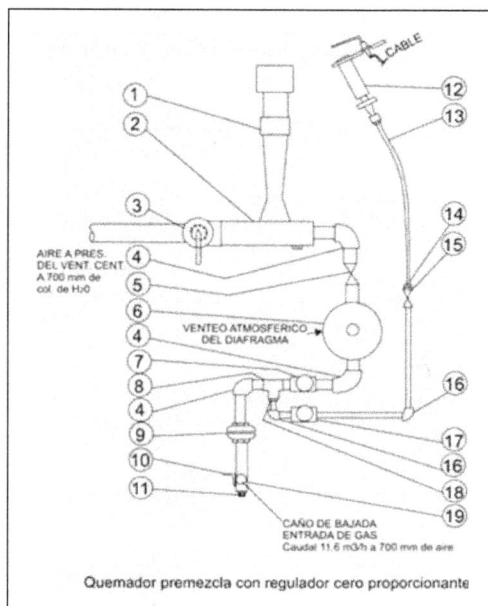

Quemador premezcla con regulador cero proporcionante

La placa frontal de montaje permite entrada de aire secundario. Mantiene las proporciones de aire-gas en varias capacidades y con el regulador compensado "0" (cero) en la línea de gas regulando con la válvula mariposa de aire se obtienen varias capacidades del quemador sin tocar la válvula de gas. Puede trabajar modulante si la válvula mariposa tiene un motor paso a paso alimentado desde un controlador electrónico. Al variar la magnitud controlada se moverá el eje de la válvula con lo cual aumentará o bajará el caudal de aire y variará la potencia del quemador. Nos dará una curva de poca pendiente de la variable controlada con diferenciales mínimos.

Capacidades en m^3/h con G N.

Usando regulador cero.

Quemador de 1", aire a 500 mm ; 6 m^3/h

Quemador de 2", aire a 500 mm : 29 m^3/h

El quemador de 1" tiene un largo de 185 mm más el espesor de la placa de montaje de 34 mm. La entrada de gas es de ½" y la de aire 1".

El quemador se provee con regulador denominado "cero", para manejar la proporción aire-gas. El aire deberá ser forzado con ventilador centrífugo y la proporción de ambos elementos aire-gas se mantendrá constante en todo el rango de capacidades.

Se acciona la mariposa de aire y el gas variará por dicha causa su caudal.

La construcción del regulador es una válvula de paso de gas cuyo vástago es movido por un diafragma de gran diámetro que se mueve por las fuerzas antagónicas de la presión de gas por la cara inferior y la presión atmosférica por la cara superior, que entra y sale por un orificio lateral.

DETALLE DE ELEMENTOS

1. Quemador de premezcla EQA modelo 76.
2. Cámara de mezcla del quemador trabaja a 200 mm col. H_2O de gas.
3. Válvula mariposa aire combustión, el aire entra con presión de 700 mm col. H_2O.
4. Codo H-H de ø 1 ½".
5. Llave esférica de ø 1 ½".
6. Regulador proporcionante atmosférico-regulador "cero".
7. Válvula solenoide principal.
8. Tee H-H derivación a piloto.
9. Unión giratoria.
10. Soporte de perfil ángulo. 11. Tapón para colocación manómetro de columna de agua.
12. Quemador piloto con detector de llama a varilla de ionización.
13. Tubo de aluminio.
14. Buje de reducción.
15. Llave esférica para el piloto.
16. Codo H-H.
17. Válvula solenoide del piloto.
18. Buje de reducción.
19. Tee de entrada.

CONEXIONADO ELÉCTRICO
BORNERA TABLERO DE CONTROL

Representamos la bornera con conexiones del aparato electrónico para seguridad de llama y que permite el comando completo del quemador de que se trate de cualquier tipo.

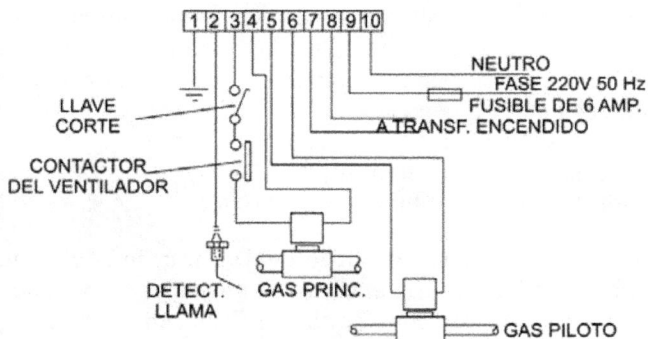

QUEMADOR DE GAS NATURAL
MONOTOBERA CON VENTILADOR DE 600.000 Cal/h

Aquí tratamos con un quemador de llama larga de bastante potencia útil para hornos del tipo más pesado y de cámara de combustión de gran volumen. Para la industria metalúrgica y de secado de cereales. Posee aire forzado por un ventilador centrífugo que pertenece al mismo quemador.

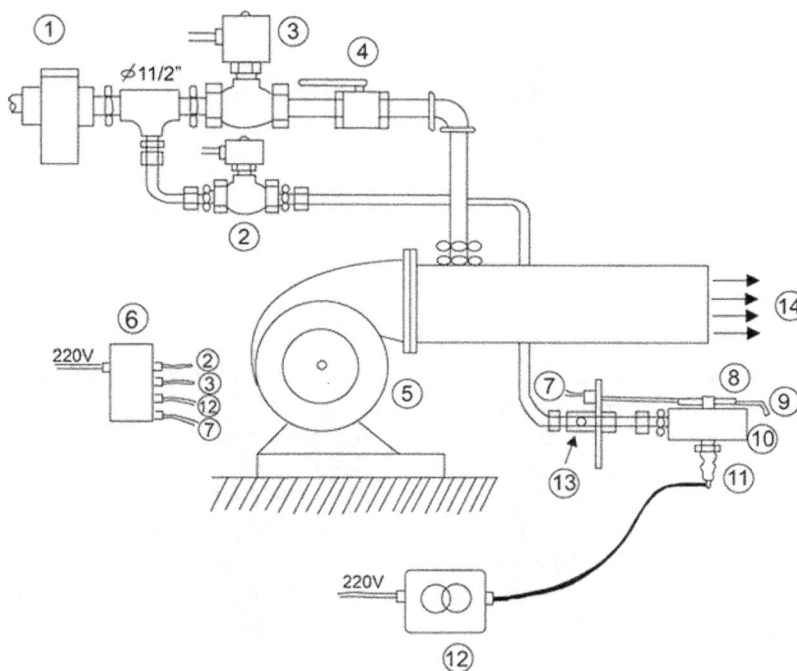

ACLARACIÓN DE LOS NÚMEROS EN EL ESQUEMA

1. Filtro de gas.
2. Válvula solenoide de piloto.
3. Válvula solenoide principal 1 ½".
4. Llave de bloqueo gas al quemador.
5. Motoventilador ¼ HP 2800 rpm.
6. Tablero de comando electrónico.
7. Conexión cable de varilla ionización.
8. Aislador de la varilla ionización.
9. Varilla ionozación.
10. Piloto de encendido.
11. Bujía para encendido piloto.
12. Transformador para encendido.
13. Entrada aire a piloto.
14. Salida de la mezcla para la combustión.

DIAGRAMA DE TIEMPOS PARA QUEMADORES PARA BARRIDO, ENCENDIDO Y POST COMBUSTIÓN CORRESPONDIENTE A UN EQUIPO ELECTRÓNICO DE SEGURIDAD DE LLAMA

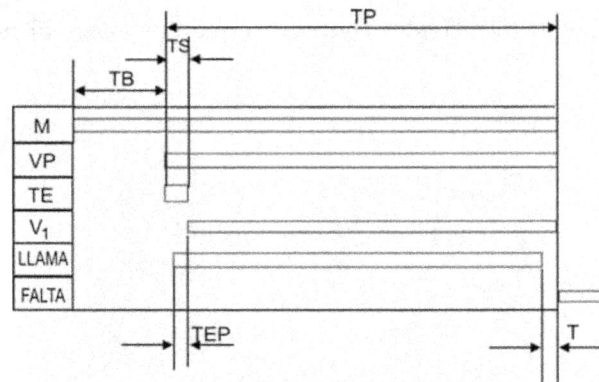

DIAGRAMA DE FUNCIONAMIENTO
PARA QUEMADOR DE 1 ETAPA

El diagrama nos da las secuencias de pre-encendido y luego de encendido para cumplir con las exigencias de seguridad. Cada marca de controlador tiene su propio diagrama adoptado pero entre todos varían muy poco ya que no hay lugar o mejor dicho tiempo para hacer variaciones en el encendido. Muy importante es el TIEMPO DE BARRIDO para limpiar la cámara de combustión de gases explosivos. También el TIEMPO DE SEGURIDAD DE ENCENDIDO es crucial para evitar encendidos con retraso o demasiado tiempo de entrada de G N sin encender, llegando a valores de ignición no deseados. Observar que todos los tiempos están en forma de barras horizontales.

DENOMINACIONES DEL DIAGRAMA	
TEP	Tiempo de estabilización llama piloto 3 seg.
T	Tiempo de corte por falta de llama 1 seg.
TB	Tiempo de barrido 30 seg.
TP	Tiempo de funcionamiento válvula piloto.
TS	Tiempo de seguridad de encendido 5 seg.
M	Motor de ventilador forzador o contactor.
VP	Válvula piloto.
TE	Transformador de encendido.
V_1	Válvula principal de gas.

Algunas recomendaciones de montaje, funcionamiento y solución de averías: conectar siempre fase y neutro de 220 Volts a los bornes correspondientes, no invertir.

Además el quemador debe estar puesto a tierra. La sonda de ionización usa 1 mm² de cable y debe ser más corto que 20 m y en lo posible evitar efectos capacitivos de otros cables en su trayecto. La aislación a masa debe ser 50 MΩ con 500 V. Evitar la humedad. La fotocélula UV debe ver la llama a 0,40 ó 0,80 m y no el arco de encendido que puede engañar y habilitar el sistema. Algunas averías posibles serían:

NO HAY ARRANQUE
Control límite actuado.
No hay tensión.

MARCA FALLA
Presostato de aire cerrado.
Contacto de válvula cerrado abierto.
Detección de falsa llama.
Registro de aire cerrados.
Ventilador gira al revés.
Presostato de gas abierto.
Electrodo a masa (ionización).
Fase invertida con el neutro.
Piloto no enciende.

Algunas características técnicas son:

Tiempo de demora para el flujo de aire	10 seg.
Tiempo de barrido	30 seg.
Tiempo de seguridad encendido	5 seg.
Tiempo de corte falta de llama	1 seg.
Tiempo de estabilizado llama piloto	3 seg.
Tiempo de interrupción piloto	15 seg.
Sensibilidad sensor ionización	1 μA 4 μA normal
Sensibilidad con fotocélula	1,5 μA a 3 μA

QUEMADOR LANZALLAMAS

La capacidad va desde 80.000 a 1.000.000 de *Kcal./h* con entradas de gas desde 19 mm a 51 mm de diámetro.

Los motores para el ventilador forzador son de 1/6 a 1 HP

El quemador lanzallamas puede instalarse en calderas, crisoles, hornos para revenido. Tiene llama clara, no flameable de alto poder y gran caudal.

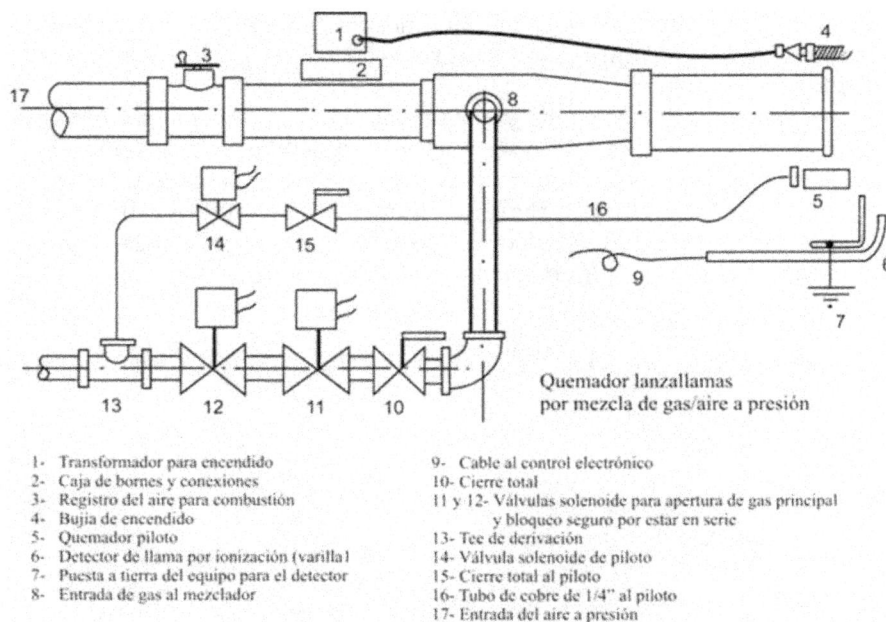

Quemador lanzallamas
por mezcla de gas/aire a presión

1- Transformador para encendido
2- Caja de bornes y conexiones
3- Registro del aire para combustión
4- Bujía de encendido
5- Quemador piloto
6- Detector de llama por ionización (varilla)
7- Puesta a tierra del equipo para el detector
8- Entrada de gas al mezclador

9- Cable al control electrónico
10- Cierre total
11 y 12- Válvulas solenoide para apertura de gas principal
          y bloqueo seguro por estar en serie
13- Tee de derivación
14- Válvula solenoide de piloto
15- Cierre total al piloto
16- Tubo de cobre de 1/4" al piloto
17- Entrada del aire a presión

Con ventiladores de distinta capacidad y cambiando las boquillas de gas se lograrán diferentes consumos y distintas llamas.

El mezclador y la boquilla de retención de llama están hechos de fundición de hierro.

Para encender tienen el controlador que permite 60 segundos o más de barrido.

Se controla la existencia de aire para combustión y la falta de llama.

En el montaje como muestra el dibujo siguiente, respetamos las distancias necesarias a la boca del horno para evitar choques de llama y facilitar su introducción en el hogar de combustión.

Las referidas bocas de los dibujos se realizan con material refractario.

Algunas recomendaciones de montaje

La boquilla de retención de llama puede estar separada del block refractario desde 70 mm a 90 mm siendo el diámetro del cono de entrada de 90 a 120 mm.

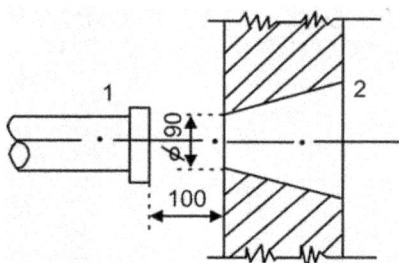

Boquilla 1 y cono refractario 2
Distancia mínima de montaje

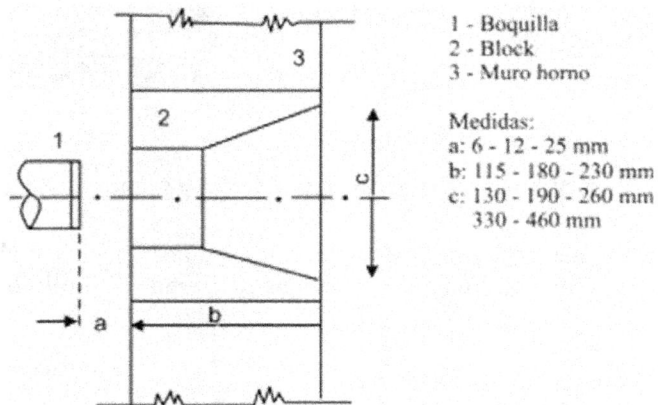

1 - Boquilla
2 - Block
3 - Muro horno

Medidas:
a: 6 - 12 - 25 mm
b: 115 - 180 - 230 mm
c: 130 - 190 - 260 mm
   330 - 460 mm

Block de refractario para
retención de llama

DISPOSITIVO DE CONTROL DE COMBUSTIÓN PARA GAS "ALTO Y BAJO FUEGO"

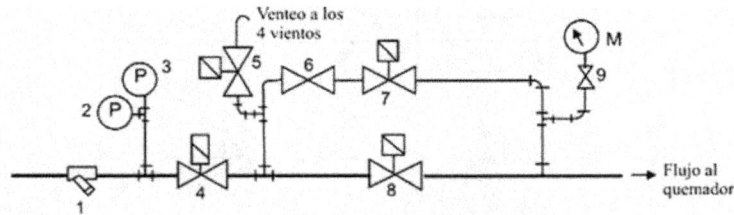

Dispositivo de control combustión para gas "Alto y Bajo Fuego"

Aclaración de símbolos

1 Filtro menor de 50 μ
2 Presostato de baja presión
3 Presostato de alta presión
4 Válvula de seguridad de apertura lenta con solenoide
5 Válvula solenoide de venteo de 3/4" mínimo
6 Válvula de cierre
7 Válvula solenoide de "Bajo Fuego"
8 Válvula solenoide de "Alto Fuego"
9 Válvula de cierre y manómetro

Según el reglamento de gas industrial para quemadores de mayor potencia se exige el encendido con un máximo 30% de su capacidad nominal, tarea que realiza el dispositivo con la apertura de la válvula 7 con la 8 cerrada. Si la capacidad nominal es mayor de 300.000 Kcal/hora, el encendido se debe hacer con el 20% de la misma. Ya en marcha se cierra 7 y abre 8 al 100 c/u. La válvula 4 es de apertura lenta y cierre veloz para seguridad del sistema.

CONTROL Y PROTECCIÓN DE QUEMADORES DE GAS

Estos controles accionan electroválvulas y hacen el ciclo de barrido y de encendido, como así mismo la presencia de llama en el piloto.

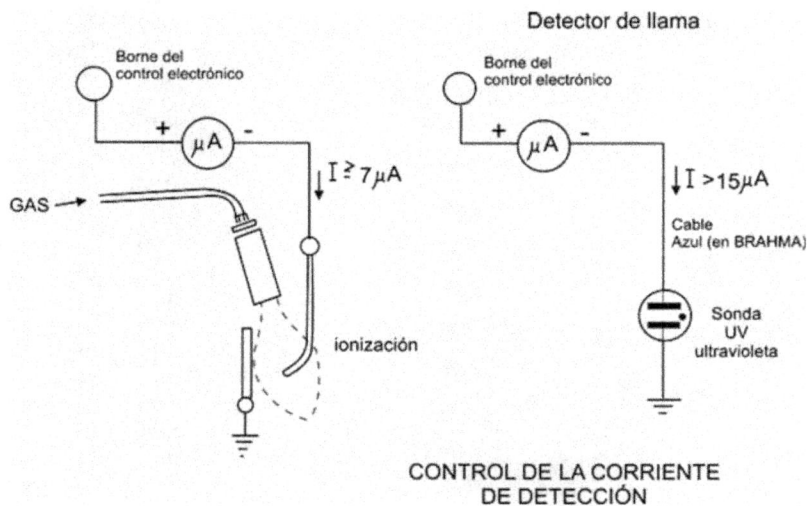

CONTROL DE LA CORRIENTE DE DETECCIÓN

Son controles electrónicos que accionan cuando están cerrados los contactos de control límite, de presión de gas y micro contacto de válvula cerrada. También un contacto de ventilador marchando y enviando un flujo de aire.

El tiempo de barrido para limpiar el hogar de gases explosivos es de 30 segundos.

Para el encendido del piloto se excitan el transformador y la válvula solenoide del mismo. El transformador se mantiene excitado 5 segundos máximos, debe encender el piloto de los contrario se interrumpe la secuencia.

FOTORRESISTENCIAS

Este elemento se utiliza como detector de llama sobre todo en los quemadores de combustibles líquidos, donde el tipo de llama trabaja en el espectro del infrarrojo.

Expuesta a la luz la resistencia decrece. Están hechas de Sulfuro de Cadmio o Seleniuro de Cadmio. Cuando la luz incide sobre el material, la resistencia baja. Cuando mayor luz más cae el valor de R.

La relación de resistencia con luz/oscuridad va de 100 a 1 hasta de 10.000 a 1 lo que indica gran sensibilidad.

Hay un efecto de histéresis (demora) pues la resistencia actual depende de la luz ya pasada (hablamos en cortos espacios de tiempo). Además reaccionan lentas ante variaciones. Los tiempos son de 100 milisegundos para el sulfuro de cadmio y la más rápida seleniuro de cadmio 10 miliseg.

Generalmente no necesita amplificación por lo cual un sencillo circuito potenciométrico es suficiente como se ve en las figuras (a) y (b).

Para simbolizar la luz se emplea la letra griega (λ).

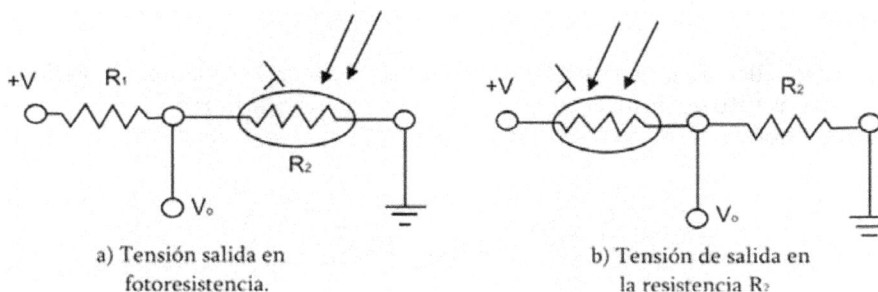

a) Tensión salida en
fotoresistencia.

b) Tensión de salida en
la resistencia R₂

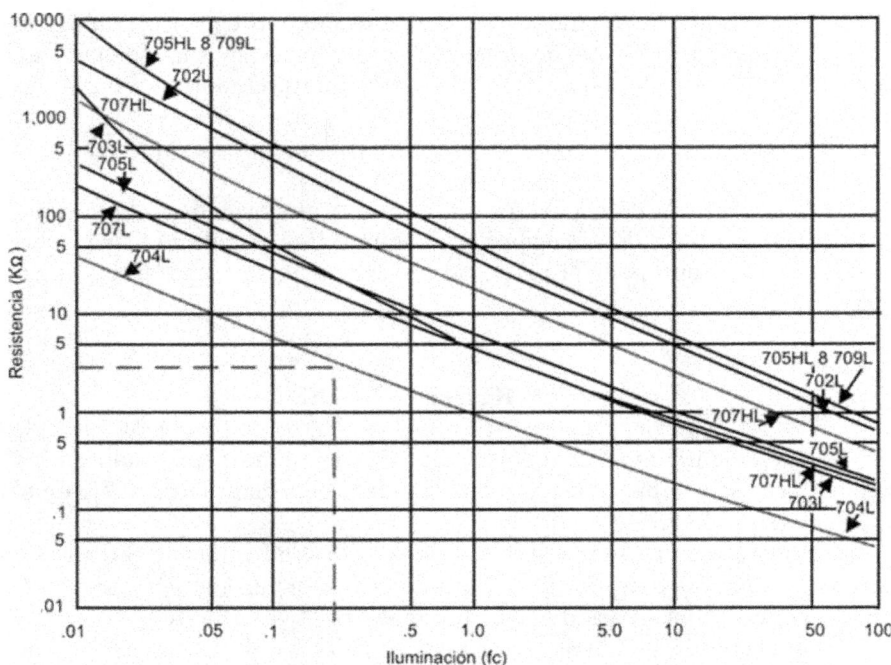

Figura (c): Curvas de resistencia de la célula

fc = foot candle (bujia pie)

Ejemplo de cálculo: tenemos una fotorresistencia CL 704 L en serie con R_2 de 10.000 ohms. Se ilumina la célula con 0,2 bujías/pie (foot candle [fc]). La tensión de salida respecto al borde de masa o tierra será:

De las curvas de resistencia de la célula figura (c) vemos que la resistencia es 3000 Ω. La tensión sería por cálculo del divisor de tensión:

$$V_o = \left(\frac{R_2}{R_1 + R_2} \right)(+V) = \left(\frac{10\ K\Omega}{10\ K\Omega + 3\ K\Omega} \right)(10\ V) = 7,7\ V$$

Otro cálculo: una fotocélula CL 707 HL con 2 fc calcular la salida para el circuit0 de figura (b). Según gráfico vemos que la resistencia cambia a 10.000 Ω.

$$V_o = \left(\frac{R_2}{R_1 + R_2} \right)(+V) = \left(\frac{10\ K\Omega}{10\ K\Omega + 10\ K\Omega} \right)(10\ V) = 5,0\ V$$

TRANSFORMADOR DE IGNICIÓN

Para el encendido de quemadores, tanto sean de alta o baja presión, hace falta una chispa eléctrica que inflame el chorro pulverizado del combustible desde la tobera o tubo de salida del gas.

Se emplea un transformador que genera una alta tensión entre electrodos aislados a través de cables con aislación adecuada. La alta tensión es generada partiendo de la tensión de red (220 V)

Un arco voltaico o chispa salta el espacio de aire entre electrodos en virtud de la alta tensión.

El transformador tiene un núcleo laminado con dos bobinas separadas. El bobinado primario tiene unos pocos cientos de vueltas con alambre resistente.

En el secundario tiene de 30.000 a 60.000 vueltas de un alambre muy fino. La relación de transformación es el número de vueltas del primario al del secundario o lo que es lo mismo aproximadamente las relaciones entre las dos tensiones de entrada y salida. Como al establecerse el arco o la chispa es prácticamente un corto circuito es prudente al diseñar el "trafo" tener en cuenta éste detalle.

Debe entregar el arco sin calentarse el bobinado a valores de sobre temperatura.

DISPOSITIVO PARA IGNICIÓN

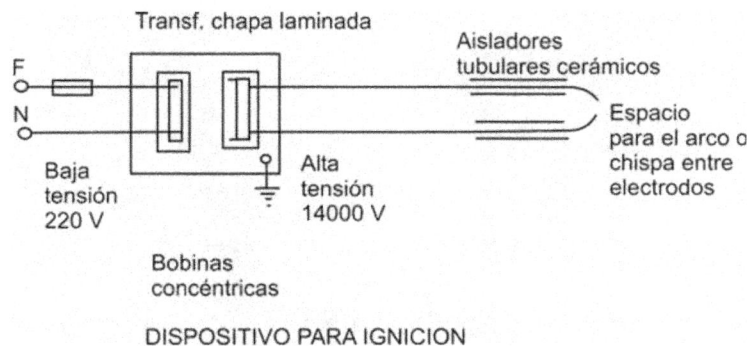

Transf. chapa laminada

Aisladores tubulares cerámicos

F
N

Espacio para el arco o chispa entre electrodos

Baja tensión 220 V

Alta tensión 14000 V

Bobinas concéntricas

DISPOSITIVO PARA IGNICION

DISEÑO DE UN VENTURI PARA GAS

Hemos incluido este cálculo que no es algo común, dado que el instalador o el montador reciben quemadores comprados en fábrica y los ponen en marcha, pero puede ser necesario, como ha sucedido algunas veces, construir algún pequeño elemento de combustión para alguna tarea muy especial.

Es un venturi útil para quemador lanzallama o multitobera. La cámara y el tubo de mezcla forman dos conos, convergente y divergente. El cono divergente favorece la disminución del rozamiento con el mejoramiento del flujo aire-gas, también disminución de la velocidad del fluido mezclado. Evitar ángulos o cambios de sección muy amplios, se aconseja en el primer cono convergente valores de 7 a 10° o menores.

El tubo de mezcla transforma la energía cinética en energía potencial (presión estática que debe ser mayor que la atmosférica para que el gas salga.

Por ello el tubo debe ser largo y suavemente divergente.

Si dg es el diámetro de la garganta del cono convergente será:

$$Ld = 6 \text{ hasta } 9 \ dg$$

siendo Ld la longitud del difusor.

Para la cabeza del quemador debemos conocer el flujo térmico, aquí comienza la combustión.

La sección de salida entonces conociendo las $Kcal/h$ necesarias. Una relación liga el flujo térmico con la carga térmica por cm^2 en $Kcal/h$.

$$A = \frac{Q_t}{Q_\mu}$$

A = cm^2 sección de salida
Q_t = $Kcal/h$ del quemador
Q_μ = $Kcal/h \ cm^2$ (flujo unitario por cm^2)

Para gas natural $Q_\mu = 700 - 800 \ Kcal/h \ cm^2$
La relación de combustión aire – gas natural es R y vale:

$$R = 0,75 \left(\frac{d_s}{d_i} - 1 \right) \sqrt{d_{rel}} K_1 . K_2$$

d_s = diámetro de salida gas en mm
d_i = diámetro del inyector en mm
d_{rel} = densidad del gas (0,65)

$$K_1 = 1 + \lg \frac{d_i.x}{d_g} \qquad K_2 = 1 + \lg \frac{d_i.x}{d_s}$$

$x = \sqrt{A_t.8,6}$ para gas natural siendo $A_t = cm^2$

$x = 9$ para gas natural; $x = 14$ para propano; $x = 16$ para butano

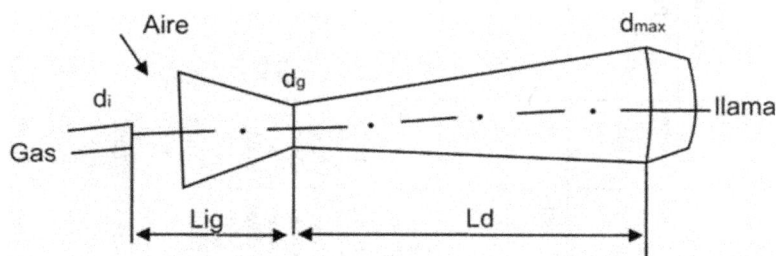

d_i = diámetro inyector
d_g = diámetro garganta
d_{max} = diámetro máxima salida
Lig = distancia inyector-garganta
L_d = longitud difusor

La distancia Lig puede calcularse así:

$$Lig = 2,22 \ d_g + 15 \ mm$$

Este cálculo o diseño debe estar acompañado de pruebas y prácticas para encontrar el punto exacto.

TABLA DE PROPIEDADES DE LOS COMBUSTIBLES

Esta tabla la hemos incluido para realizar los cálculos de combustión con valores conocidos que nos permitan estimar los volúmenes, gastos y dimensiones de los sistemas de combustión.

PROPIEDADES DE LOS COMBUSTIBLES

Combustible	Cantidad en m^3	Composición – Porcentaje por volumen (a 20 °C y a 1 atm de presión) — Análisis químico base seca								Poder calorífico inferior $Kcal/m^3$	Poder calorífico superior $Kcal/m^3$	m^3 de aire por m^3 de gas	Productos de combustión perfecta kg/m^3 de gas			
		CO_2	CO	CH_4	C_2H_4	C_2H_6	H_2	O_2	N_2				CO_2	H_2O	N_2	Total
Gas natural	1	–	–	87,0	–	7,6	–	–	1,8	8,838	9,763	12,87	2,11	1,61	9,83	13,55
Gas de horno de coque	1	2,2	6,9	34,2	2,6	–	47,3	0,3	6,0	4,450	4,993	6,08	0,91	0,97	4,69	6,57
Gas de gasógeno puro	1	9,7	19	2,8	0,2	–	13,5	0,02	54,8	1,139	1,219	1,31	0,59	0,15	1,54	2,28
Gas de alto horno	1	12,5	25,4	–	–	–	3,5	–	58,6	817	832	0,84	0,70	0,03	1,34	2,07
Butano Comercial	1	–	–	–	–	–	–	–	–	26,495	28,702	37,52	6,05	3,10	29,01	38,16
Propano Comercial	1	–	–	–	–	–	–	–	–	21,102	22,891	29,42	4,62	2,63	22,67	29,92

Combustible	Cantidad en m^3	Composición – Porcentaje en peso							Poder calorífico inferior $Kcal/m^3$	Poder calorífico superior $Kcal/m^3$	kg de aire por kg de combustible	CO_2	H_2O	N_2	Total
		C	H_2	O_2	N_2	S	H_2O	Ceniza							
Carbón (bituminoso con bajo contenido de cenizas)	1	79,8	5,02	4,27	1,86	1,18	–	7,81	7,810	8,040	10,8	2,95	0,45	8,32	11,72
Carbón (bituminoso con alto contenido de cenizas)	1	70,0	5,00	8,00	2,00	2,00	–	13,00	6,880	7,090	9,53	2,61	0,45	7,34	10,40
Fuel-oil	1	82-87	10-15	1-2	0,2-0,5	0,1-1	0,5-1,5	–	9,700	10,400	14,13	3,17	1,13	11,10	15,40
Coque de petróleo (anhidro y sin cenizas)	1	93,4	3,8	0,9	0,9	1	–	–	8,780	8,960	13,13	3,43	0,34	10,36	14,13

Capítulo 4

QUEMADORES DE COMBUSTIBLES LÍQUIDOS

QUEMADORES DE POTENCIA

Capacidades desde 1.940.000 $Kcal/h$ hasta 14.500.000 $Kcal/h$

Para una potencia de 4.350.000 $Kcal/h$ se consumen 450 lt de fuel oil; o 525 m^3 N de gas natural.

Utilizan lanzas para el flujo de fluidos y aire forzado

Para una capacidad de 5.000.000 $Kcal/h$ un quemador en la caja de aire necesita 30 mm de columna de agua a 20 °C.

Para pulverizar los fluidos con la lanza se necesita presión mecánica y también vapor. Puede usarse aire comprimido o gas natural a presión.

Para la presión de bombeo de líquidos pesados se necesitan 21 kg/cm^2.

El gas natural en consumos de hasta 500 m^3/h necesita para lanza con orificios calibrados hasta 2 kg/cm^2.

Si el gas natural se quema con anillo toroidal con picos distribuidos puede consumir 1750 m^3/h.

QUEMADOR DUAL
GAS-COMBUSTIBLES LÍQUIDOS

Este quemador de potencia nos permite quemar en hogares de calderas indistintamente, gas natural o fuel oil, o ambos a la vez, su particularidad es que tiene aire forzado, llama muy larga y para grandes producciones de calor.

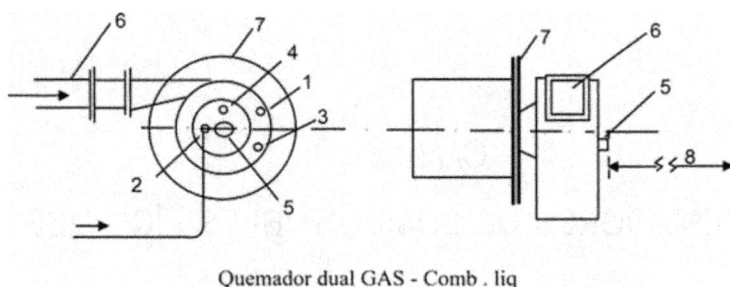

Quemador dual GAS - Comb . liq

1- Visor de llama
2- Entrada de gas a 0,150 kg/cm ²
3- Colocación del detector de llama (UV)
4- Conexión ½ " piloto

5- Lanza de atomización combustible líquido
6- Entrada de aire a 200 mm columna de agua
7- Brida de montaje
8- Medida para retirar lanza desde 350 a 1180 mm
    según tamaño quemador

La lanza para combustible líquido trabaja con aire a 5 kg/cm^2 para atomizar con caudal de 20 m^3/h por cada 100 l/h de combustible quemado.

Se puede atomizar con vapor a 5 kg/cm^2.

Para una presión de gas de 0,02 kg/cm^2 el quemador de 1.000.000 $kcal/h$ consume 38 m^3/h de gas 9.300 $kcal/m^3$ densidad 0,65.

Para 0,05 kg/cm^2 el de 3.000.000 $kcal/h$ consume 180 m^3/h.

En combustible líquido a 2 kg/cm^2 el quemador de 1.000.000 $kcal/h$ consume 75 lt/h de 8.500 $kcal/lt$ de 100 SSU.

El de 3.000.000 $kcal/h$ consume 240 lt/h.

El consumo de aire con presión diferencial de 20 $mm\ col\ H_2O$, en el de 1.000.000 $kcal/h$ es de 320 m^3/h de aire a 20 °C.

El de 3.000.000 $kcal/h$ consume 1.000 m^3/h.

MONTAJE DE UN QUEMADOR DE POTENCIA

En este dibujo mostramos la disposición del cono de llama dentro del muro de refractario y pueden verse la entrada de aire primario y las conexiones de gas y fuel oil a la lanza del quemador.

Para el montaje de los quemadores de tiro forzado tener en cuenta la distancia mínima entre ellos si es más de uno; oscila entre 625 mm hasta 1370 mm.

Si enfrente del quemador dentro del hogar hay una pared de tubos de agua para calefacción, debe estar a 760 mm hasta 1295 mm.

A una pared de refractario la distancia es 610 hasta 990 mm.

Para el aire de combustión debe haber un exceso del mismo que para una cantidad porcentual de 6% de oxígeno debe ser 35° de exceso pero para lograr una baja en el porcentaje de CO_2 (anhídrido carbónico) como ser llegar a 11% el exceso debe ser del 40%, con 35% el CO_2 será 11,5%.

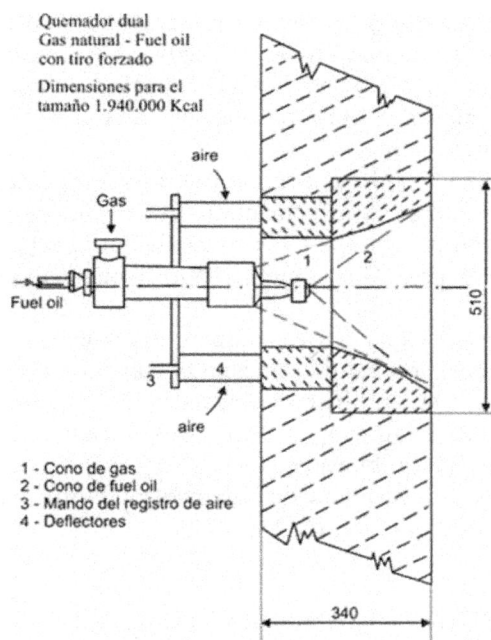

Quemador dual
Gas natural - Fuel oil
con tiro forzado

Dimensiones para el
tamaño 1.940.000 Kcal

1 - Cono de gas
2 - Cono de fuel oil
3 - Mando del registro de aire
4 - Deflectores

QUEMADORES A PRESIÓN

El combustible debe tener una viscosidad de valor muy bajo conseguida a través de su característica y de la temperatura a la cual se lo llevó por calentamiento entre los valores de 30 a 100 °C. La viscosidad para pulverizar a presión debe ser entre 2 a 3° E y para otros quemadores pueden ser 5 – 6° E. Para calentamiento se usan intercambiadores de haz tubular con vapor, para el bombeo y obtener presión de pulverización hay bombas de engranajes. Según el caudal a quemar debe lograrse un mezclado bueno con el aire de combustión.

El pulverizador a presión representado muy esquemáticamente, trabaja con el fluido "comprimido" a 30 atm. El combustible sale de la bomba

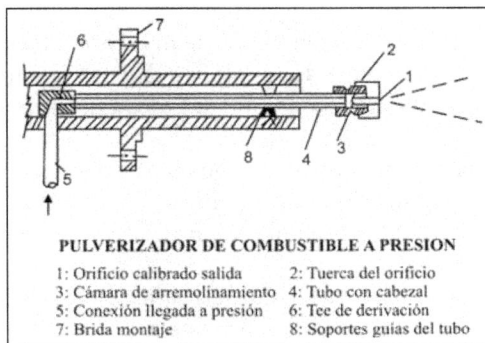

PULVERIZADOR DE COMBUSTIBLE A PRESION

1: Orificio calibrado salida   2: Tuerca del orificio
3: Cámara de arremolinamiento   4: Tubo con cabezal
5: Conexión llegada a presión   6: Tee de derivación
7: Brida montaje   8: Soportes guías del tubo

en movimiento helicoidal para tener un lanzamiento centrífugo. Un inconveniente de estos quemadores es trabajar a baja carga porque la pulverización empeora. Si la baja carga es habitual, se puede poner un cabezal con orificio de menor calibre, pero tener en cuenta que se acerca a la posibilidad de obstrucción.

Un quemador de fluido usa también la pulverización por fuerza centrífuga con un cabezal giratorio por motor eléctrico.

El aceite se conduce por el eje hueco y sale por la copa o vaso rotativo. Gira a 6.000 a 7.000 rpm. Gasta hasta 3 tn/h y puede quemar aún un 8% del caudal total.

Usando chorro de vapor o aire comprimido hace falta menos presión de pulverización porque el fluido mezclado con aire o vapor mejoran la pulverización porque salen girando alrededor de la boquilla. Hacen falta 6 a 12 kg/cm^2 de presión de vapor o aire, consumiendo 0,20 a 0,25 kg de vapor por kg de fluido combustible.

Cuando se usa un quemador de baja presión el aire para combustión se aporta a 400 a 500 $mm\ col.\ H_2O$.

PULVERIZADOR O ATOMIZADOR DE ACEITE A PRESIÓN

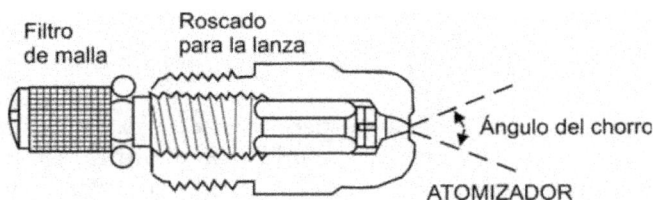

Instalado en el extremo de la lanza de un quemador recibe la presión de la bomba de engranajes con un regulador de presión la cual mediante la estrangulación en un pico pulverizador, el combustible sale en forma de casi una neblina muy densa, lo cual permite el encendido y la combustión. El combustible además del pico encuentra unos desviadores tangenciales centrífugos estáticos que producen un movimiento circular adicional. Es deseable que el chorro de combustible se mezcle instantáneamente con el aire primario proveniente del ventilador.

La capacidad de quemar de un mismo orificio depende de los cambios de presión.

Con diversos diámetros de orificios se obtiene caudales que responden a determinadas presiones.

Con un orificio atomizador de 3 mm de diámetro usando 12 atm de presión se consumen 700 l/h. Si aumentamos la presión a 16 atm con el mismo orificio obtenemos 500 l/h. Con 3 mm obtenemos 800 l/h. Se observa con estos valores que una variación apreciable de presión no varía mucho el caudal. Si bajamos la presión se desmejora la atomización. Por lo tanto el campo de regulación que se obtiene con los atomizadores de presión directa no es más que 1 a 1,5. Es por esta razón que estos dispositivos los encontramos en quemadores pequeños de calentadores de aire, etcétera.

Capítulo 5

TERMOTANQUES, CALDERAS Y HORNOS

TERMOTANQUES HORIZONTALES Y VERTICALES

Para 500 *lt* de agua 13.000 *Kcal/h* de consumo.

lts	Kcal/h	lts	Kcal/h
1000	26000	4000	100000
1500	40000	5000	130000
2000	52000	6000	160000
3000	80000		

Los gases de combustión se evacuan por chimeneas desde 4" de diámetro hasta 12" según consumo.

Los quemadores pueden ser de gas natural, gas envasado y gas oil (u otras mezclas líquidas)

GENERADOR DE AGUA CALIENTE

Tanque para 1300 *lts* de agua para 65.000 *Kcal/h*.

lts	Kcal/h
2700	195000
3700	315000
4600	400000

Los gases de combustión se evacuan por chimenea de 7" de diámetro hasta 20".

Disposición de la superficie de calefacción en forma de haz tubular vertical, humo tubular.

CALDERA DE COMBUSTIÓN PRESURIZADA PARA VAPOR

Disposición humotubular de tres pasos horizontal.
Quemadores de gas, gas oil o fuel oil.

Caldera vertical acuotubular

Quemador de gas o comb. líquido superior
Ventilador aire forzado

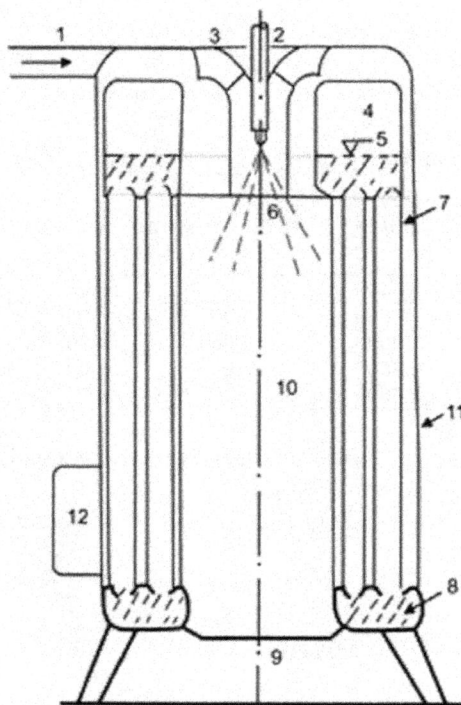

1 Entrada de aire para combustión
2 Lanza del quemador
3 Aleta hidrodinámica para aire
4 Cámara de vapor forma anular
5 Nivel de agua
6 Salida de la llama por el tubo de fuego
7 Tubo vertical de agua, rodeado de llama o gases
8 Cámara anular de agua
9 Fondo cerrado de la cámara de fuego
10 Cámara de fuego, distribuye a los tubos, con triple pasaje de gases.
11 Cierre exterior con aislación
12 Evacuación de gases quemados

Presión de trabajo 15 kg/cm^2 hasta 25 kg/cm^2.
Producción de vapor desde 180 a 5700 kg/h hasta 203 °C.
Capacidad de calor 100.000 $Kcal/h$ hasta 3.220.000 $Kcal/h$.
Capacidad de agua 75 lts hasta 2.740 lts.
Un detalle interesante de ésta caldera es que no tiene refractarios.

HOGARES PARA COMBUSTIBLES LÍQUIDOS

Cámara de combustión

En quemadores de menor potencia es necesario, a veces, diseñar la cámara de combustión en calderas, hornos y calentadores de diversos tipos. (Quemando gas natural o gas oil, fuel oil liviano).

En el dibujo presentamos una caldera con su cámara de combustión con las cotas de dimensiones necesarias al efecto de que la longitud de la llama no haga que ésta choque con paredes cercanas, pero sí fluir aerodinámicamente dentro del calentador hacia la chimenea.

Es importante dar dimensiones a adecuadas a los hogares de combustión para evitar que la llama actúe sobre el material sólido de los refractarios, que tenga lugar para efectuar la combustión y evitar retrocesos de llama. Al efecto acompañamos valores de dimensionamiento.

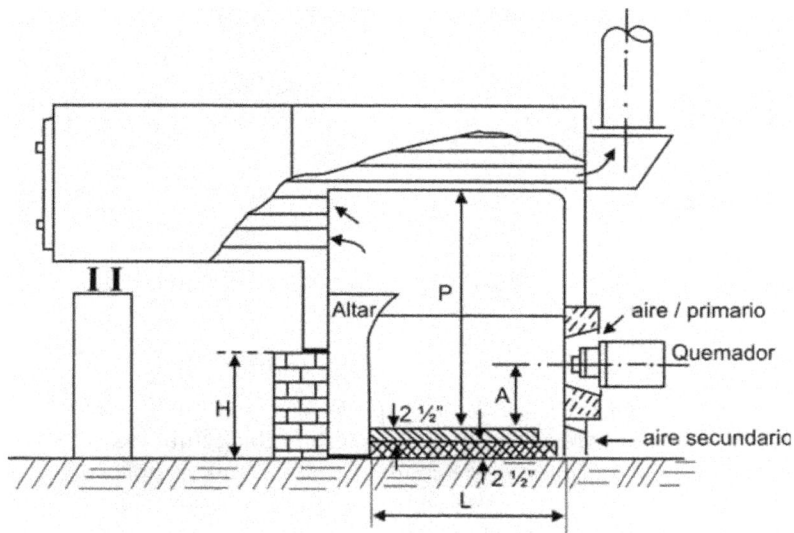

Cámara de combustión
Caldera humotubular

W = ancho del hogar en m. = $\dfrac{L}{2}$

Algunas cámaras de combustión se encuentran diseñadas en manuales de combustión de uno de los cuales hemos extraído algunas dimensiones que pueden servir de orientación para proyectos sobre todo en la instalación de quemadores auxiliares para secado o fundir asfalto y pequeñas calderas para vapor o para agua caliente. Por ejemplo para un quemador de fuel oil (10.000 *Kcal/lt)* cuya potencia es 130.000 *Kcal/h* (medida muy acercada a las más comunes); la cámara debe tener las dimensiones siguientes:

Largo caja de fuego = 0,70 m; ancho = 0,35 m; altura = libre la que entra en la caldera, ya con los tubos de agua atravesados.

Es importante hacer notar que los gases de combustión al salir de la zona de la cámara deben encontrar camino libre en un conducto de gran diámetro o conducto rectangular grande hasta llegar a la base de la chimenea; de lo contrario habrá recalentamiento hasta fundir en el frente del hogar o retroceso de llama.

El croquis muestra la forma y tamaño de un hogar como el del ejemplo dado más arriba.

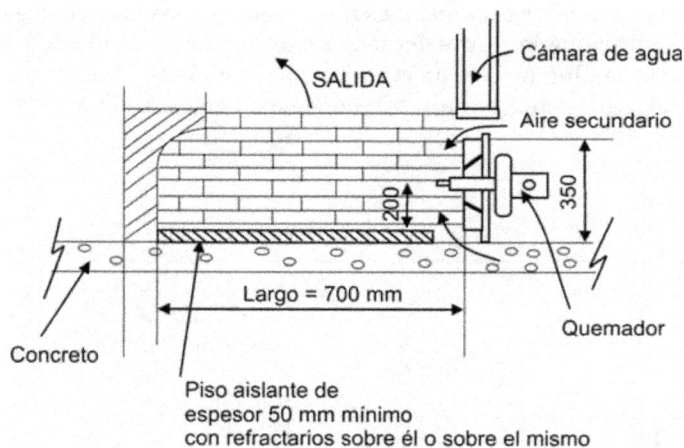

CAMARA DE COMBUSTION

Con datos obtenidos en Manuales de Generación de Vapor en los apartados sobre hogares para quemar combustibles líquidos vemos valores para el diseño de cámaras de combustión. Es muy importante el calor radiante desde muros interiores para mejorar la evaporación del fluido o de sus gotas.

El quemador instalado permite entradas de aire por aberturas circundantes o en la pared.

En la cámara de combustión debe terminar de quemarse todo el combustible antes de salir de la misma; por ello es importante el volumen del hogar. Puede combustionarse 350.000 $Kcal/m^3$ (35 $kg/h.m^3$) como máximo. Si hay pantallas de agua (haz tubular) puede llegar a 400.000 $Kcal/m^3$.

Para no quemar muros, mantenimiento mínimo, no pasar de 270.000 $Kcal/m^3$.

Tener en cuenta en la circulación de llamas y gases el tema de la aerodinámica en la geometría de todos los elementos conectados incluso salidas a chimenea. Esto para lograr flujos turbulentos, pero que tiendan a una forma laminar que evite pérdidas de carga.

La llama debe acercarse al muro refractario para no tocarlo para evitar quemar. Averiguar largo de la llama del quemador a instalar y hacer el muro más lejos o el quemador más afuera.

TABLA PARA CÁMARAS DE COMBUSTIÓN

En la tabla expresamos datos dimensionales dando el volumen de cámara de combustión necesario en dm^3 por m^3 de gas quemado.

TIPO DE COMBUSTIÓN

Gases	Llama neutra	Llama oxidante	Llama amarilla	Alta presión
	dm^3/m^3	dm^3/m^3	dm^3/m^3	dm^3/m^3
Natural	10	0,257	9	10.000
Envasado	24,8	0,640	22,4	24.800
Metano	9	0,248	8,7	9.600
Propano	24	0,620	21,7	24.000
De hulla	5	0,128	4,5	5.000
De agua	3	0,071	2,5	3.000

DIMENSIONES DE LAS CÁMARAS DE COMBUSTIÓN DE CALDERAS HORIZONTALES HUMOTUBULARES

Consumo lt/h	Calorías en hogar Kcal/h	Producción al 70% de η			a 7600 Kcal/h Volumen gases	Entrada aire secundario	A	H	L
		m^2	HP	Kcal/h	m^3	m^2	m	m	m
9	87000	0,09	7,15	61000	0,300	0,007	0,19	0,35	0,66
13	130000	0,139	10,75	92000	0,484	0,011	0,19	0,35	0,69
18	170000	0,186	14,3	122000	0,600	0,015	0,20	0,35	0,71
22	217000	0,232	17,9	150000	0,800	0,018	0,20	0,35	0,74
26	260000	0,279	21,5	180000	1,000	0,022	0,23	0,46	0,84
30	304000	0,300	25	213000	1,200	0,026	0,23	0,46	0,94
35	347000	0,372	28,6	243000	1,300	0,030	0,27	0,46	1,05
44	434000	0,465	35,8	304000	1,600	0,036	0,30	0,46	1,15

Para los valores de cota del hogar ver dibujo en página 59.

Consumo lt/h	Calor en el hogar Kcal/h	Producción al 70% de rendimiento			Volumen gases de combustión a 7600 kcal/h	Abertura aire secundario	A	H	L
		m²	HP	Kcal/h	m³	m²	m	m	m
52	520000	0,557	43	366000	2,00	0,045	0,26	0,51	1,27
66	650000	0,700	53,7	456000	2,50	0,055	0,30	0,51	1,35
74	740000	0,800	60,8	517000	2,70	0,060	0,30	0,51	1,43
88	870000	0,900	71,5	608000	3,20	0,070	0,34	0,56	1,52
110	1085000	1,100	89,4	760000	4,00	0,100	0,35	0,61	1,62
130	1300000	1,350	107,5	914000	4,80	0,110	0,36	0,66	1,70
150	1500000	1,600	125	1060000	5,60	0,140	0,38	0,68	1,80
180	1700000	1,80	143	1217000	6,40	0,150	0,40	0,70	1,90
200	1900000	2,00	161	1370000	7,30	0,170	0,40	0,81	2,00
220	2170000	2,30	180	1500000	8,10	0,190	0,44	0,86	2,15
265	2600000	2,70	215	1800000	9,80	0,220	0,45	0,92	2,25

El ancho del hogar o cámara de combustión
es ½ L. Ej.: 1,80 m   W = 0,90 m

Para la medida P multiplicar L . 1,4

DISPOSICIÓN DE CÁMARAS DE COMBUSTIÓN EN HORNOS

En los tipos de horno para calentamiento industrial haremos una reseña en croquis de algunos métodos para calentar entre los que elegimos el sistema de mufla o de calor directo sobre el material, ya sea circulando los gases calientes, con llama directa o por radiación desde las paredes.

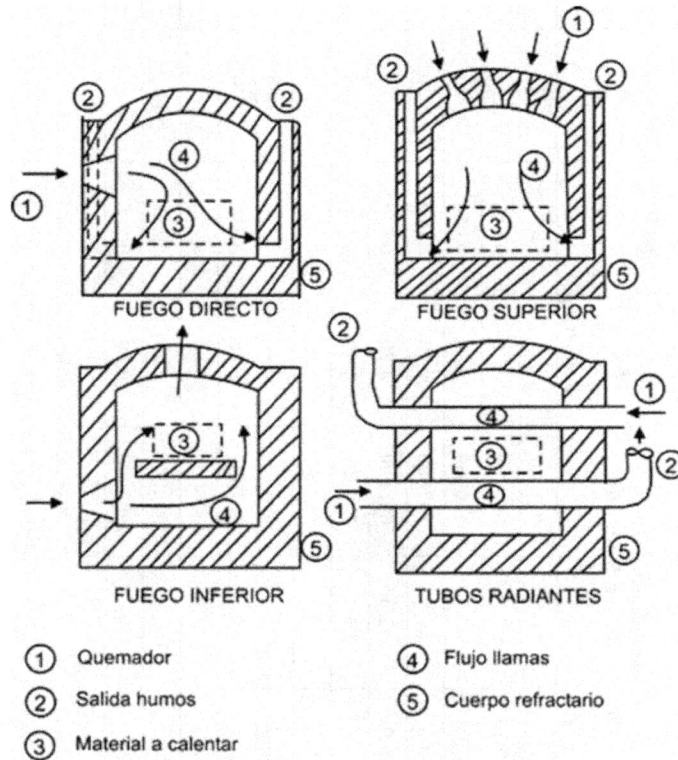

FUEGO DIRECTO   FUEGO SUPERIOR

FUEGO INFERIOR   TUBOS RADIANTES

① Quemador   ④ Flujo llamas
② Salida humos   ⑤ Cuerpo refractario
③ Material a calentar

CAPACIDAD DE UNA INSTALACIÓN DE CALDERAS

Potencia de producción

Para las calderas cuyo sistema de combustión es una parrilla para leña o carbón.

$$Carga\ de\ la\ parrilla = \frac{Cantidad\ horaria\ de\ comb.}{Superficie\ total\ de\ parrilla}\ \frac{Kg}{m^2h}$$

$$Carga\ calorif.\ de\ la\ parrilla = \frac{Cant.\ de\ calor\ aportado\ al\ hogar\ por\ hora}{Superficie\ total\ de\ parrilla} ; \frac{calorías}{m^2 h}$$

Estas cargas de la parrilla pueden aumentarse o mejorarse con la introducción de aire secundario calentado; o también con el aire que se insufla por debajo de la parrilla dirigida por zonas para mejorar la unión con las partículas de combustible.

Los valores de la carga calorífica pueden hallarse en tablas de manuales generales de construcción mecánica (Dubbel Hutte, etc.) valen entre $0,5$ a $0,9 . 10^6\ Cal/m^2 h$.

Sin aire insuflado por debajo hasta $1,15$ a $1,2\ Cal/m^2 h$ las que tienen aire.

Cámara de combustión (hogar)

$$Carga\ calorif.\ del\ hogar = \frac{Cant.\ de\ calor\ aportado\ por\ hora}{Vol.\ de\ la\ cámara\ de\ combustión} \frac{calorías}{m^3 h}$$

debido a las pérdidas y bajo rendimiento ésta carga no debe tomarse demasiado grande. Con el aumento de la velocidad de combustión de las llamas, aire secundario caliente, revestimiento del hogar con tubos refrigerantes, aislaciones, etc., se puede aumentar la carga o achicar la cámara de combustión.

Cifras para cálculos iniciales para la carga calorífica
de la cámara de combustión, funcionamiento continuo
incluyendo el calor del aire caliente

Con expresión de la clase de hogar y combustible. Carga por $10^6\ Cal/m^3 h$.

Parrillas de hulla	$0,25 - 0,35$
Quemadores de carbón pulveriz.	$0,15 - 0,20$
Quemadores carbón molido	$0,15 - 0,18$
Quemadores combustible líquido	$0,75 - 2,0$ (hasta 4)
Quemadores combustible con presión	$7,00$
Combustible para gas	$0,5 - 2,0$ (hasta 3)
Combustible de gas con presión	$5,00$

El volumen de la cámara de combustión depende del gas y la forma de combustión. No debe haber sobre presión por entrar mayor volumen de gases quemados que el admitido, lo cual trae retroceso de los gases quemados, de la llama y también del apagado del quemador por anularse el tiro de la chimenea (tiraje).

La llama no debe tocar paredes para no quemar y destruir.

A veces el quemador debería ser grande, conviene colocar más de uno de menor potencia que trabaja con mayor rendimiento.

Todo el proceso de combustión debe finalizar dentro de la cámara.

Los muros deben ser refractarios y el aire secundario debe entrar con un ángulo que permita rápido mezclado con el gas saliente de la boca del quemador.

Los métodos de calentamiento directo se han impuesto usando quemadores controlados para temperaturas mayores de 650 °C. El calentamiento por debajo o inferior es bueno para 400 a 1.000 °C debido a que el material a calentar está protegido. En el de tubos radiantes el material no entra en contacto con los gases de combustión.

Un horno para tratamiento térmico puede cargarse con 170 kg por metro cuadrado y por hora de acero.

Para latón puede usarse el doble de calentamiento, 2,5 veces para el cobre; 0,7 para el acero aleado y 1,1 para el aluminio. El tiempo de calentamiento, temperatura y cantidad de calor dependerá también de la forma de acondicionar el material en la solera del horno.

El contenido de calor de algunos metales a una temperatura determinada, cuando están siendo calentados en el horno es así:

Aluminio a 400 °C	160 Kcal/kg
Hierro a 400 °C	90 Kcal/kg
Cobre a 400 °C	70 Kcal/kg
Plomo a 400 °C	40 Kcal/kg

Para una intensidad media de calentamiento en algunos procesos tenemos valores del calor medio que debe darse al horno o debe dar el combustible según proceso y temperatura.

Calentamiento de lingote 200 a 2.400 °C debe dar 500 *Kcal/kg*.

Para tochos 200° 2.400 °C 1.750 *Kcal/kg*.

Para recocido de alambres 1.300 a 1500 °C 600 *Kcal/kg*.

Capítulo 6
EQUIPOS DE MANDO Y PROPULSIÓN

CONTACTORES TRIPOLARES

El contactor es un aparato de maniobras que permite el arranque en directo de los motores asincrónicos trifásicos, pero también para accionar motores monofásicos y poner en servicio automático o a distancia a instalaciones, tableros de comando y aparatos eléctricos y electrónicos.

El accionamiento es por un electroimán que mueve un armazón con contactos que se apoyan por esto mismo en otros contactos fijos con lo cual se cierra el circuito. El electroimán tiene dos partes: el paquete de chapas o circuito magnético y la bobina magnetizante.

Los contactores arrancan motores en categoría AC3, pero también conectan resistencias para hornos en AC1.

Los contactores tienen cámaras apagachispas sobre todo los de tamaños mayores que forman arcos de apertura más importantes.

Para funciones de automatismo y control hay contactos auxiliares que se mueven al mismo tiempo que los contactos principales, pero en algunos contactores los contactos auxiliares se mueven para abrir o cerrar con un cierto retardo o adelanto de tiempo con respecto a los tiempos de los contactos principales.

MOTOR CON FASE AUXILIAR (BOBINADO AUXILIAR) LLAMADO "FASE PARTIDA"

Estos motores monofásicos llamados de inducción, no tienen problema de escobilla de carbón, ni colector, por lo tanto son muy versátiles para uso en lugares donde no hay corriente trifásica, pero que necesitan accionar quemadores, ventiladores y otros dispositivos en pequeñas industrias (ejemplo: panaderías, etcétera).

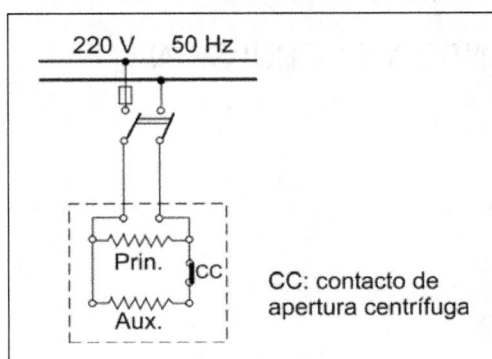

Los arrollamientos principales van en el fondo de las ranuras del estator y el de arranque va encima de aquel.

MOTOR MONOFÁSICO CON CAPACITOR

Este motor arranca por el desfase que produce un condensador en serie con la bobina auxiliar y al igual que el motor anteriormente descrito, se puede conectar a la red eléctrica sin necesidad de tener suministro trifásico.

Esta tabla da los capacitares necesarios según potencia del motor para el arranque o marcha del mismo.

CV	Mf	CV	Mf
1/8	40-60	3/4	250-270
1/8	70-90	3/4	280-310
1/6	100-120	1	320-350
1/4	130-150	1 ½	380-420
1/3	170-190	2	450-500
1/3	190-210	3	500-550
1/2	210-240		

CV: Potencia motor
Mf: Capacidad en microfaradios

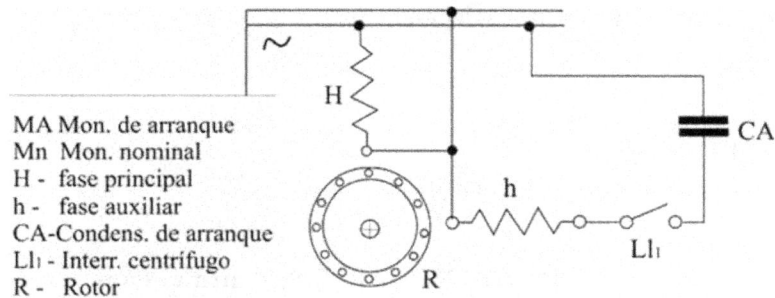

MA Mon. de arranque
Mn Mon. nominal
H - fase principal
h - fase auxiliar
CA-Condens. de arranque
Ll₁ - Interr. centrífugo
R - Rotor

Motor monofásico para arranque
por condensador en bifásico

TIRO DE LOS HOGARES

La sección de los conductos de humo para evacuación hacia la chimenea, lo calculamos según la ecuación de continuidad:

$$\frac{B.Vrf}{3600C_g} \cdot \frac{273+t}{273}\, m^2$$

Vrf = volumen normal de los humos m³N/kg de combustible
Cg = velocidad de los gases que es aproximadamente 4 a 6 *m/s* para tiro natural y que puede llegar a 10 m/s y más si el tiro es forzado
B = cantidad horaria de combustible en kg
273 + *t* = temperatura absoluta en °K *(t = °C)* de los gases o humos circulantes

Tener en cuenta al dimensionar que las secciones permitan efectuar limpieza.

TIRAJE h EN CONDUCTOS DE EVACUACIÓN

Temperatura media °C	Tiraje en *kg/m²* (valor h)
175 a 200	0,4 H
250	0,5 H
275 a 300	0,55 H

H = altura de la chimenea en metros

La velocidad de los gases depende de:

$$v = (2\,gh)^{1/2}$$

$v = m/seg$
$g = 9,81\ m/seg^2$
h = ver tabla anterior (valor h)

SECCIONES DE CONDUCTOS (Chimeneas)
(Para artefactos industriales)

Gas	cm^2/m^3 de gas/h
Gas natural	34
Gas envasado	84
Metano	32
Propano	80

De una tabla del Manual de Servicio de Quemadores de gas oil de Steiner tomamos:

Aspiración normal valores de intensidad en la base de la chimenea en mm *col.H₂O*

Algunos valores son:

Altura chimenea 10 m con 190°, 3,5 mm *col.H₂O*
   "   "   15 m con 190°, 5   mm *col.H₂O*
   "   "   10 m con 290°, 5   mm *col.H₂O*
   "   "   15 m con 290°, 7   mm *col.H₂O*

VENTILADOR CENTRÍFUGO PARA QUEMADORES

Los rotores son multipolar para media presión accionados por motores eléctricos a través de correas en V. El aire a la tubería ingresa por un solo lado. Las presiones que deben vencer con el flujo de aire van de 3 a 120 mm *col.H₂O* y caudales de 2 a 1600 m^3/min.

Con un rendimiento del 75% pero para cálculos tomar 60%; los HP necesarios para un caudal m^3/min. y presión mm *col.H₂O* pueden obtenerse de la siguiente ecuación:

$$\frac{m^3/min.\,0,000218.\,mmcolH_2O}{rendimiento}$$

Con aire seco a 21 °C al nivel del mar; ejemplo: 95 $m^3/min.$, 125 mm:

$$\frac{95.125.0,000218}{0,60} = 4,31 HP$$

De un mismo ventilador centrífugo se pueden obtener los siguientes cambios:

Volumen $m^3/min.$ varía directo por la velocidad, mayor velocidad mayor caudal.
La presión varía por V^2 o sea el cuadrado de la velocidad.
La fuerza aumenta por la velocidad al cubo (V^3).

LEYES DE LOS VENTILADORES (FAN LAWS)

Muy resumidamente damos las más importantes para todos los tipos. Seguidamente hay unos ejemplos de aplicación en la práctica.
El simbolismo que usaremos es el que detallamos: Q = volumen de aire o gas en $m^3/min.$; p = presión estática o también total en mm $col.$ H_2O; hp = entrada de potencia en el eje.

Cambio en la velocidad del ventilador (Grupo 1)

Con las densidades del aire o del gas constantes tenemos:

Q varía con la velocidad (v)
P varía con la velocidad al cuadrado (v^2)
HP varia con la velocidad al cubo (v^3)

Cambio en el tamaño del ventilador (G2)

Con la velocidad, densidades constantes y todas las dimensiones proporcionales constantes

Q = varía con el cuadrado del diámetro del rotor
P = permanece constante
rpm = varía inversamente con el diámetro del rotor
HP = varía al cuadrado del diámetro del rotor

Ahora si cambiamos las rpm, densidades, manteniendo otras dimensiones constantes, relación fija (G3)

Q = varía como el cubo del diámetro del rotor
P = varía al cuadrado de ese diámetro
velocidad varía con el diámetro del rotor
HP = varía a la quinta potencia por el diámetro. (G4)

Cambio en la densidad del aire (Ej.: en la montaña)

m^3, sistema o tipo, velocidad, medidas fijas del ventilador:

Q = es constante
P = varía como la densidad
HP = varía como la densidad

Pero si: con presión constante, mismo sistema, medidas iguales del ventilador con velocidad variable. (G5)

Q = varía inversamente como la raíz cuadrada de la densidad
P = es constante
rpm = varía inversamente a la raíz cuadrada de la densidad
HP = ídem

Por último con cambio en la densidad del aire: (G6)
Manteniendo constante el peso del aire y con el mismo sistema, medidas iguales del ventilador pero con velocidad variable:

Q = varía inversamente como la densidad
P = ídem
rpm = varía inversamente igual que Q y P y también la potencia en HP

Ejemplos: Un ventilador entrega 280 m^3/min. a la presión estática de 50 $mm\ col.H_2O$ con 500 rpm y tomando 6 HP. La velocidad, presión y HP cuando el Q = 400 m^3/min.
Tomando los datos del (Grupo 1) (G1) aplicamos:

$$\text{Velocidad (rpm)} = 500 \cdot \frac{400\ m^3/m}{280\ m^3/m} \cong 700\ rpm$$

$$\text{Presión (mm)} = 50 \cdot \left(\frac{700}{500}\right)^2 = 98\ mm$$

$$\text{Pot (HP)} = 6 \cdot \left(\frac{700}{500}\right)^3 = 16,5\ HP$$

Para resolver según grupo 2 (G2)
En un ventilador centrífugo de 1500 mm de diámetro el cual gira a 236 rpm obtenemos 624 m^3/m; si reducimos el diámetro a 1300 mm. ¿Cuál será el nuevo caudal?

$$Q = 624 \cdot \left(\frac{1300}{1500}\right)^2 = 468\ m^3/m$$

¿Y las rpm que deberá tener ahora?

$$rpm = 236 \cdot \left(\frac{1500}{1300}\right) = 272 \; rpm$$

En los ventiladores centrífugos el consumo de potencia es proporcional al caudal en $m^3/min.$ y a la contrapresión del aire (P) que debe vencer. Las pérdidas por rozamiento del fluido se consideran como (P_r) en $mm \; col.H_2O$.

La cantidad de aire se puede calcular como $m^3/seg.$ La presión de aire se puede medir en kg/m^2 y la potencia en watts. La velocidad del aire en metros/segundo; 4 a 6 m/s.

Un ventilador centrífugo que impulsa 4 $m^3/seg.$ de aire con presión de 150 $mm \; col.H_2O$ absorbe una potencia P de:

$$P = \frac{Q.H}{75.\eta} = \frac{4.150}{75.0,6} = 13,35 \; cv$$

Siendo Q = m^3/s; H = 150 $mm \; col.H_2O$; η = rendimiento 0,6

Esta fórmula es solo válida hasta 1000 $mm \; col.H_2O$.

Para conocer con precisión la potencia necesaria de un ventilador se pueden consultar gráficos de caudal, presión, potencia que suministran las fábricas.

MOTORES ASINCRÓNICOS TRIFÁSICOS

El motor se compone de un estator y de un rotor, tiene su estructura realizada en chapas de hierro silicio con acanaladuras que contienen los alambres del bobinado. En los rotores del tipo "jaula de ardilla" o rotor

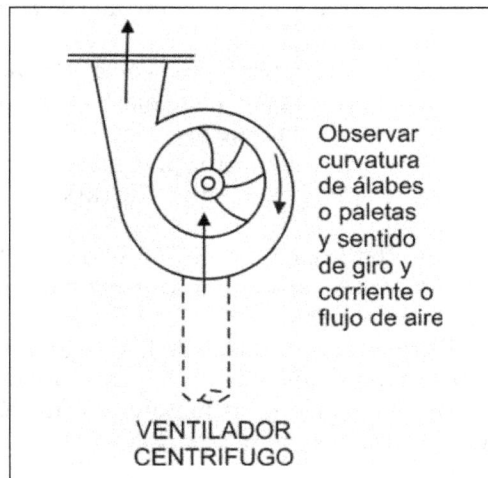

en corto circuito tienen barras de aluminio unidas en sus extremos a dos anillos de cierre del circuito.

El campo electromagnético creado por el bobinado reacciona entre rotor y estator formando una cupla de rotación que sale como energía mecánica por el eje.

Hay motores monofásicos y trifásicos. Los monofásicos son útiles en casas y comercios, en otro apartado de este libro mostramos los esquemas y datos.

Los trifásicos usan tres cables de fases y no necesitan neutro como los monofásicos (fase + neutro). Debe prestarse atención que no funcionen con solo dos fases porque se sobrecalientan y se queman.

La potencia del motor pertenece a la potencia mecánica en el eje del acoplamiento. Se expresa en Kw (kilowatt) o CV (caballos de fuerza) o HP o PS.

Un caballo es cerca de 735 W o sea 1 CV = 0,735 Kw. De todos modos desde la red se absorbe mayor potencia por efecto del rendimiento y del factor de potencia.

El rendimiento surge de las pérdidas internas y dependen de calidad y materiales empleados en la construcción.

La velocidad de los motores es función del bobinado según los polos que formen.

Cantidad de polos	Velocidad rpm (a 50 Hz)
2	3000
4	1500
6	1000
8	750
10	600
12	500

Estas velocidades de la tabla no se alcanzan en la realidad porque existe el "resbalamiento" donde se pierden algunas rpm; la causa es un fenómeno electromagnético en el hierro magnetizado.

Las conexiones se rigen por letras y números; fase uno (o R) llamada L_1 se conecta al borne U_1; L_2 a V_1; y L_3 a W_1. El motor girará como el reloj mirando desde el lado acoplamiento. Si se invierten dos conexiones el giro será contra el reloj.

Se conectan a tensiones de red en general de 380 volts y los bobinados se unen en estrella (con un centro) o en triángulo, usando puentes entre bornes.

Observar en el tablero de conexiones los puentes que en la conexión triángulo unen los extremos de bobinas que resultan los vértices del triángulo donde se conectarán los cables que traen fases $L_1 L_2 L_3$. Tener en cuenta que para poder aplicar 380 V entre cada extremo del arrollamiento, éste deberá ser apto.

En la conexión estrella tenemos un puente que une los extremos de bobina formando el centro de la estrella, las fases $L_1 L_2 L_3$ se conectarán a los extremos libres en este ejemplo $U_1 V_1 W_1$. Aquí para tener una marcha aceptable, las bobinas deben ser diseñadas para 220 V y con la conexión de las bobinas entrando por ejemplo por V_1 y saliendo por W_1 la tensión de 380 V queda repartida en las bobinas.

Si el motor puede trabajar en triángulo con 380 V podemos hacerlo arrancar en estrella con reducción del par, pero logramos que la estrella al recibir 380 V tome menos corriente no provocando molestias en la red.

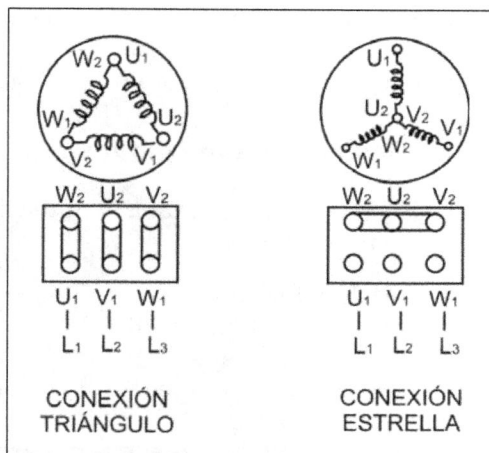

PUESTA EN MARCHA

Debe vencer el par resistente (Cr) por el par de arranque (Ca) y el valor máximo de la punta de intensidad.

Tener en cuenta el transformador de red y la propia red que no lleguen a valores inadmisibles por el proceso de puesta en marcha.

En el arranque directo el motor absorbe 6 veces la intensidad nominal y el par de arranque es de 1,5 a 2 veces el par nominal

El valor de potencia admisible para arranque directo es de 4 cv por lo cual la red no sufre fuertes colapsos.

Curvas de intensidad y par

En los catálogos de motores pueden verse las curvas entre ejes cordenados. En ordenar el par motor y la corriente en número de veces el valor nominal. En abscisas la proporción de velocidad en decimales de 1 que es la velocidad nominal (o sea velocidad nominal que vale 1 en el gráfico).

La curva de intensidad arranca en $V = 0$ con $I = 4,5 I_n$; al llegar a velocidad nominal $I = I_n$.

El par motor a $V = 0$ es 1,5 Par nominal tomando su máximo valor aproximado a 0,7 V_n.

El par resistente aumenta hasta llegar a V_n.

Protección contra sobrecargas

Una sobrecarga es un valor de intensidad superior a la nominal. Produce calentamientos.

1. Si el motor se traba o se bloquea, la intensidad absorbida será como la de arranque $(6 . I_n)$.
2. Trabaja en dos fases, no arranca y se calientan las bobinas. Si está andando la intensidad aumenta mucho.
3. Baja tensión.
4. Trabaja intermitente, muchos arranques y paradas.

Relés térmicos

Poseen un bimetal que por efecto del calor se flexiona empujando una barra que abre los contactos y hace parar el motor. El calor lo proporciona una resistencia calefactora arrollada sobre el bimetal y es atravesada por la intensidad del motor.

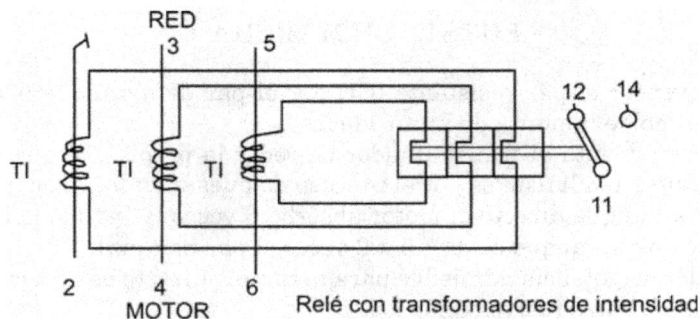

Relé con transformadores de intensidad

Un relé térmico debe permitir el arranque de un motor con seis veces la corriente nominal sin actuar. Luego circulará la I_n (corriente nominal) y actúa por una sobrecarga antes de un calentamiento excesivo.

Las normas VDE 0660 especifican los tiempos y corrientes de acuerdos a 20° C de temperatura ambiente.

Como ejemplo diremos que un motor con relé térmico calibrado a 10A actuará la protección en el tiempo de 35 segundos con 16 A de intensidad de carga o sea:

Como calibrado nos referimos a intensidad graduada. Todos los valores son tomados a temperatura ambiente. Si el bimetal está precalentado los tiempos varían.

En catálogos SIEMENS; TELEMECANIQUE están los gráficos de tiempo de actuación en ordenadas y múltiplos de la intensidad nominal en abscisas.

Si la sobrecarga es de más de 3,5 la I_{nom}; actuarán los fusibles antes que el relé térmico o sea del ejemplo anterior con 35 Amperes actuará el fusible rápido en 2 segundos y el relé térmico actuaría a los 8 segundos.

Para protección por corto circuito es necesario intercalar fusibles lentos o rápidos y deben calibrarse según el relé térmico.

Generalmente el fusible se calibra según 2 a 3 veces la I_n del motor.

Sugerimos consultar en folletos de las casas constructoras de motores y aparatos de maniobras las tablas de calibración de fusibles que acompañan a los relés térmicos y hacemos notar que en esta obra no entramos en el tema Selectividad de Protecciones.

Arranque estrella triángulo

Es necesario en motores mayores a 5 CV para evitar perturbaciones en la red debido a la corriente de arranque. Con el arrancador disminuyen golpes.

El motor apto para arranque λ - Δ debe tener en su chapa de características una tensión de 380 en triángulo (380 - Δ). A veces la chapa dice 380/660 V que es un valor convencional pues no hay redes de 660 V pero indica que las bobinas son aptas para recibir 380 V bajo cualquier conexión.

Tiempos de arranque

1° tiempo: conexión en estrella quedando cada fase sometida a tensión de red dividida $\sqrt{3}$ (1,73). Se pierde con esto el valor del par de arranque y la punta de corriente.

2° tiempo: se desconecta la estrella al 70% de la velocidad nominal y se acopla en triángulo.

Es conveniente que el par resistente sea más débil para permitir la conmutación a velocidades superiores 70 al 80% de velocidad nominal.

Curvas de intensidad y par

Un gráfico que existe en catálogos de motores o de aparatos de maniobra tiene en ordenadas el par motor y la corriente en múltiplos del valor nominal.

En abscisas la velocidad en decimales de la velocidad de sincronismo.

La intensidad de arranque en estrella es un tercio de la corriente de arranque en directo. Si $I_a = 6.I_n$ (siendo I_a intensidad de arranque e I_n intensidad nominal).

tenemos:

$$I_a = \frac{6.I_n}{3} = 2.I_n \ \text{(en estrella)}$$

la cupla es:

$$C_a = \frac{1,5.C_n}{3} = 0,5\ C_n \ (C_a \text{ cupla de arranque y } C_n \text{ cupla nominal})$$

que es poca cupla en estrella pero hay que tratar de descargar la máquina accionada: bomba con válvula de descarga cerrada, compresor con by-pass abierto para que no comprima.

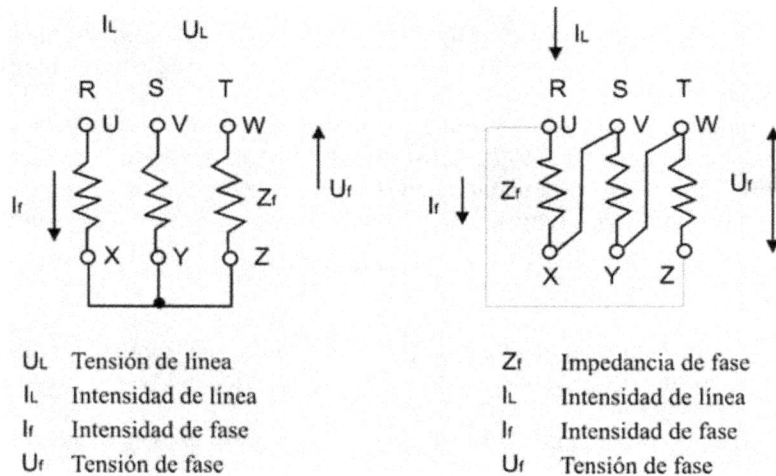

U_L	Tensión de línea	Z_f	Impedancia de fase
I_L	Intensidad de línea	I_L	Intensidad de línea
I_f	Intensidad de fase	I_f	Intensidad de fase
U_f	Tensión de fase	U_f	Tensión de fase

En el gráfico del arranque estrella triángulo vemos que en la conexión estrella en el arranque la intensidad descendente desde $1,5\ I_n$ hasta $0,7\ I_n$ donde conmuta a triángulo en $0,75\ V_n$; en el momento de conmutar la intensidad aumenta mucho hasta $2,5\ I_n$ y desciende de inmediato hasta la I_n.

Protección del motor en el arranque estrella-triángulo

Un relé térmico es el dispositivo protector que se conecta a la salida del contactor C_1 del dibujo de potencia.

Las resistencias calentantes de los bimetales son recorridas por las corrientes de las bobinas, (corriente de fase). En un motor con $I_n = 100\ A$ el relé térmico será de:

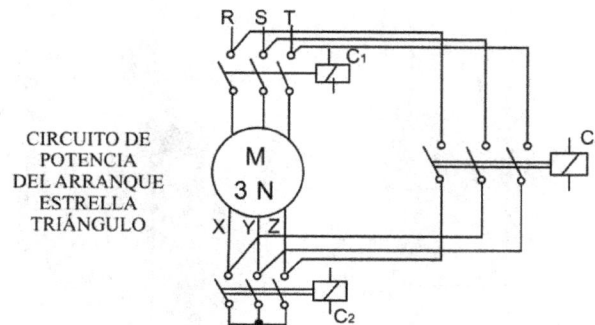

CIRCUITO DE
POTENCIA
DEL ARRANQUE
ESTRELLA
TRIÁNGULO

$$I_f = \frac{100\ A}{\sqrt{3}} = 58\ A \quad \text{(dado que está sobre tres de los seis cables a la entrada)}$$

Los fusibles si son lentos serán del valor de la I_n del motor. Si son rápidos serán $2 \cdot I_n$.

Circuito de maniobra

Debe evitarse la entrada simultánea de C_2 y C_3 con un enclavamiento.

La conmutación se hace al 70% y 80% de V_n (Velocidad nominal).

El momento oportuno de la conmutación es cuando los pares motriz y resistentes se equilibran.

El punto de equilibrio puede determinarse dejando el motor marchando en estrella hasta velocidad constante (medir con tacómetro). El tiempo en que demora en llegar es el que debe ajustarse en el relé de tiempo.

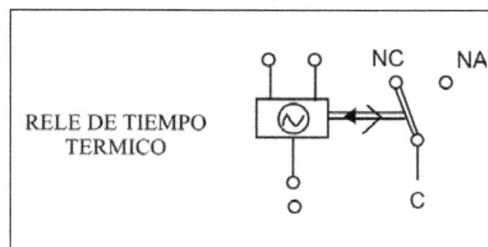

RELE DE TIEMPO
TERMICO

CIRCUITO FUNCIONAL DE MANIOBRAS
ESTRELLA-TRIÁNGULO

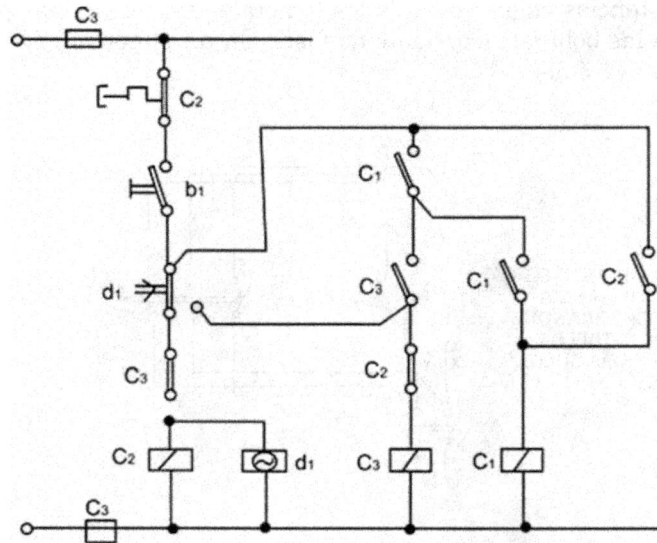

C_3	Fusibles	C_1	Contactor red
C_2	Relé de sobreintensidad	C_2	Contactor estrella
b_1	Contacto de cierre	C_3	Contactor triángulo
d_1	Relé temporizador térmico		

Capítulo 7

INSTALACIONES Y MEDICIONES

INSTALACIONES ELÉCTRICAS

Los sistemas de combustión son controlados por sistemas eléctricos y la parte energética de los motores también, por lo tanto introducimos el tema Instalaciones Eléctrica de aplicación inmediata en el tema de Quemadores y Calentamiento Eléctrico.

Ensayos para verificación de instalaciones domiciliarias
Métodos prácticos para conocer calidad
de ejecución y funcionamiento

Mejorando la calidad protegemos vidas y materiales.

Los trabajos se deben atener a la resolución 207/95 del ENRE y el reglamento de AEA.

Realizar controles de acuerdo a un plan de MP (Mantenimiento Preventivo)

Inspecciones:
Visuales:
Ver en etiquetas, placas catálogos, protocolos de ensayo las especificaciones de los materiales.

Por ejemplo cables según IRAM 2183
                    puestas a tierra IRAM 2281
                    tomacorrientes c/tierra IRAM 2071

ING

Funcionamiento mecánico de llaves.
Uniones eléctricas de cables.
Colores del cableado Fase R (castaño) S (negro) T (rojo) Neutro (celeste) tierra (verde-amarillo)

Nota: pueden usarse otros colores pero ninguno debe ser celeste, verde o amarillo si se trata de fases vivas.
Configuraciones y ubicación de tableros.
Inscripciones y carteles indicativos.
Ubicación de cañerías. Las no a la vista verlas antes del hormigonado o revoques.

Proyecto

Confrontar planos y memorias técnicas con lo ejecutado en obra.
Circuitos y secciones de cables.
Materiales de tuberías eléctricas y bandejas.

Verificación de propiedades eléctricas

Continuidad de cableado. Conexiones entre borneras.
Medir resistencia de aislación.
Medir caídas de tensión. Ver secciones de cable.
Ensayo con carga máxima y calentamiento.
Medir resistencia de puesta a tierra.

Inspecciones por MP

Cada 5 años en inmuebles domiciliarios.
Cada 3 años comercios, oficinas, depósitos.
Cada 2 años locales de concentración de personas.
Cada 1 año locales con peligro de incendio.

Ensayos generales

Prueba de continuidad eléctrica:
De conductores, tuberías y tableros a tierra (usar ohmetro con menos de 12 Volts y corriente que sea mayor de 0,2 amperes).
Por supuesto las lecturas deben dar valor: Cero.

Prueba de aislación:
Resistencia de aislación = 1000 x tensión de servicio (en OHM por cada 100 metros).

Ejemplo: 220 V x 1000 = 220.000 ohm (Nota: este es un valor muy bajo para una instalación que sea NUEVA).

Si se mide con un Megohmetro de c.c. que sea de tensión doble de la instalación (500 V).

No olvidar al medir desconectar aparatos de consumo de computación, alarma y otros.

La tensión de red debe ser confinada por apertura de llave seccionadora.

En circuitos de Baja Tensión menores de 220 V usar 250 V.

Un valor aceptable de resistencia de aislación es el de 500.000 Ohm (0,5 MΩ).

Probar conductores de fase entre sí, fases y neutro y fases y tierra, neutro y toma de tierra.

Prueba de caída de tensión:

Medir con voltímetro cerca del medidor y luego en la línea y al final de cada derivación con plena carga.

Recordar que la caída debe ser 5%.

Ensayo a plena carga y calentamiento:

Medir temperatura de cables y conexiones (menor del 40%).
Observar parpadeo de luces con lámparas de filamento.

Resistencia de puesta a tierra:

Debe ser menor de 10 Ohm (ojalá llegar a 5 ohm).
Usar método del telurómetro según IRAM 2281 – parte 1.
También puede usarse el método de los tres electrodos con voltímetro de impedancia mayor de 40.000 ohm.

Detalles a tener en cuenta en un proyecto eléctrico

Elegir materiales según Normas IRAM o IEC
Atenerse a la Reglamentación de la Asoc. Elec. Arg. AEA N° 90364
El proyecto tendrá planos y memoria técnica.

Datos a utilizar

Dimensiones del inmueble. Parte construida o no.
Actividad comercial o industrial que se realiza.
Tipos de circuitos y cantidad de los mismos.
Secciones de cables.
Protecciones eléctricas a disponer.

Armar una carpeta

Planos de circuitos y de construcción.
Listado de materiales, cantidad y ubicación en catálogos.
Memoria técnica.
Planilla de cálculos eléctricos, de construcción y económicos.
Verificar por cálculo las caídas de tensión admisibles según cargas de motores e iluminación sobre todo con corrientes de arranque.

Proyecto y armado de tableros eléctricos

Realizar un diagrama unifilar de la instalación.
Hacer un topográfico con ubicación de elementos.
Diagramar esquema funcional total.

Prever y calcular:

Intensidades de corriente máximas simultáneas.
Potencia máxima simultánea.
Secciones en mm^2 de cables.
Intensidades máximas de corte o apertura.
Sobrecargas permanentes y transitorias.
Intensidad de corto circuito máxima y máxima de apertura.
Intensidad térmica por sobrecarga.
Puesta a tierra.

INSTALACIÓN EN ÁREAS EXPLOSIVAS

Reglas y requerimientos de la Asoc. Nac. de Prot. Contra Fuego (NFPA) art. 500 del Cod. de Inst. Elec. (NEC) de EE.UU.
El IRAM e Inst. Arg. del Petróleo (IAP) Normas IRAM – IAP A – 20 – 1 y A – 20 – 5.
Son áreas peligrosas: Manip., fabric., almacenaje y uso de líq. inflam., polvos explos., fibras combust. y otros.

Área Clase I
{
Gases y vapores inflamables
Lavado y teñido en seco
Pinturas y barnices
Gas
Destilación del petróleo
Almacenaje de celuloide
}

Grupos
{
A : Acetileno
B : Hidrógeno
C : Eter etílico, etileno y
    Ciclopropano
D : Gasolina, etano, butano,
    Propano, alcohol, acetona
    Gas natural
}

Área Clase II { Polvos

Grupos {
E : Polvo combustible acumulado
    Sobre equipos
F : Mezclas de polvos
G : Polvo conductor de la electricidad

Forma de construcción de las instalaciones antiexplosivas

Gabinetes de tableros y cajas de conexión serán a prueba de explosión. Los conductos para cables son de acero galvanizado (caños galvanizados).

Los cables serán según IRAM 2399.

Las uniones roscadas deberán tener 5 o más filetes introducidos en la unión. Filetes en contacto.

En conexiones a motores o necesidad de flexible, este será antiexplosivo.

Entre dos cajas roscadas deberá colocarse un sellador roscado en la cañería a no mas de 0,45 mts. El sellador será rellenado con masa que funde a mayor temperatura que 95 °C.

Si se diese la posibilidad de juntar líquido en algún espacio de la cañería o cajas se colocarán trampas de drenaje.

Material eléctrico a prueba de explosiones

Las juntas en las tapas de cajas y tableros no deben ser herméticas, poseerán una rendija todo alrededor para que puedan pasar los gases de post combustión (después del fuego). ¡No usar juntas de ningún tipo como ser gomas o amianto!

Las caras de cierre son pulidas como mínimo para que el huelgo sea pequeñísimo, pero las caras que se tocan son anchas para enfriar el paso de gases de postcombustión.

Las uniones de caños a cajas y otras que son roscadas los filetes serán con huelgo o luz sin usar sellantes como teflón, adhesivos, etc. Se incluyen curvas, uniones dobles, tees.

La resistencia mecánica de las cajas debe ser apta para explosión interna.

El material debe estar lejos de fuentes de calor y con buena transmisión calórica para que las temperaturas no provoquen el encendido de gases.

Los selladores antiexplosivos rellenan las cajas de sello colocadas verticales u horizontales. No permiten la circulación de gases en la instalación de cables, ni vapores inflamables y aún las mismas llamas, evitando explosiones. Los selladores se colocan en entradas y salidas de cajas que contienen aparatos eléctricos que al funcionar producen algún tipo de chispas o arcos voltaicos.

En tuberías largas se colocan a 20 mts pero en mayores diámetros se ponen a más distancia.

La pasta selladora es compacta. Además donde finaliza el área peligrosa o explosiva para cambiar de ambiente se coloca un sellador final.

Los selladores pueden ser de aluminio, hierro o bronce fundidos.

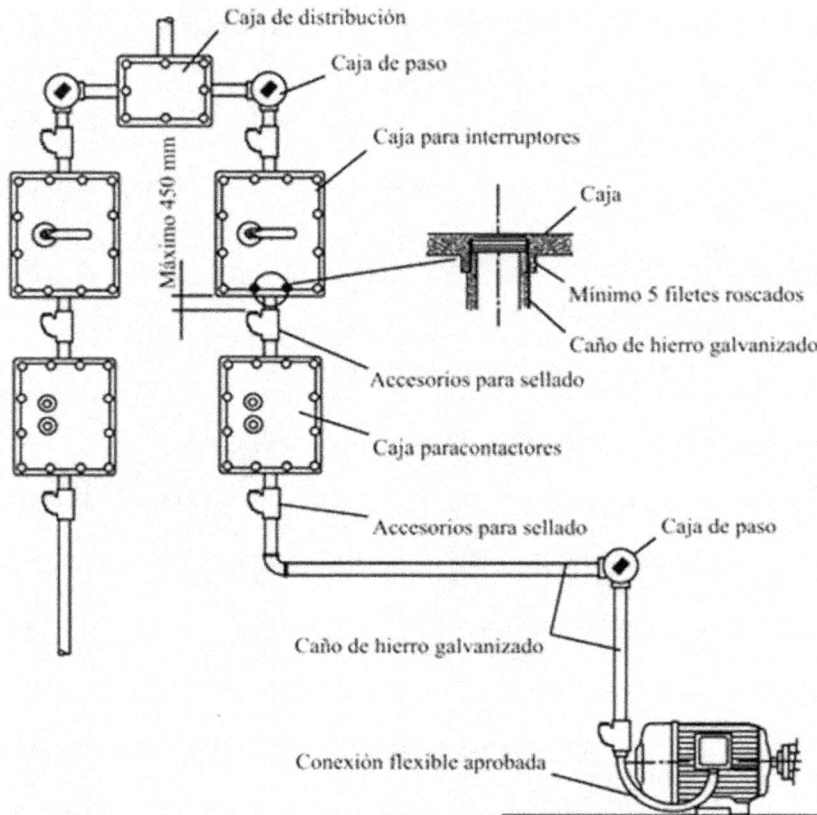

Instalación en área peligrosa típica

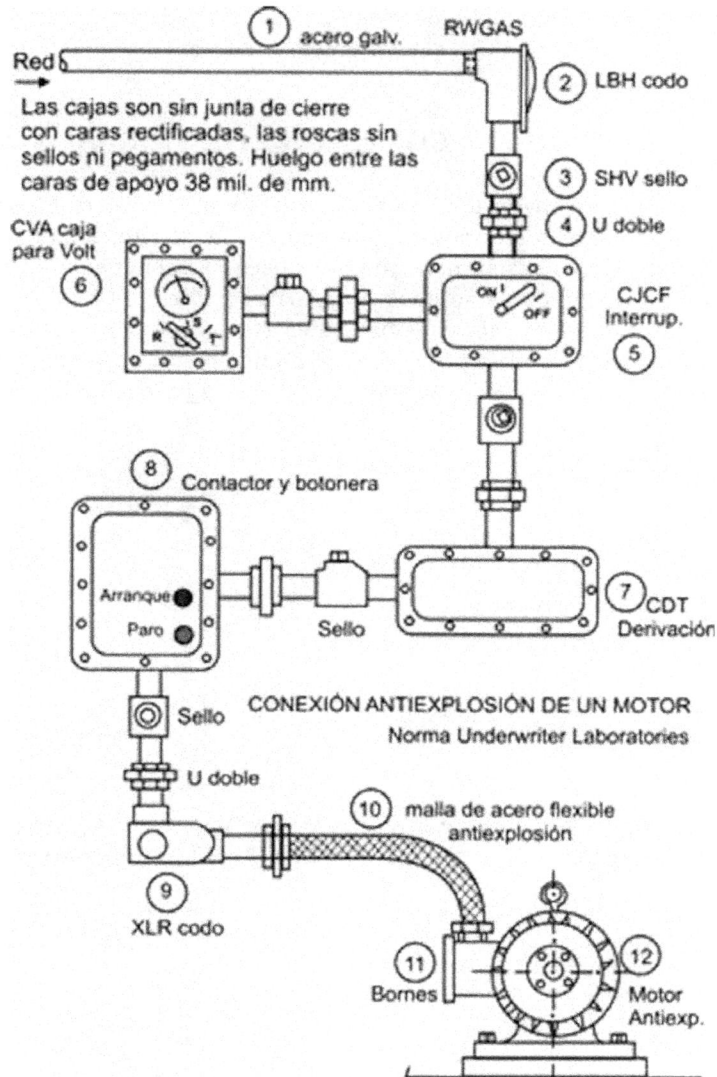

① acero galv.   RWGAS
Red
② LBH codo

Las cajas son sin junta de cierre
con caras rectificadas, las roscas sin
sellos ni pegamentos. Huelgo entre las
caras de apoyo 38 mil. de mm.

③ SHV sello
④ U doble

CVA caja
para Volt
⑥

CJCF
Interrup.
⑤

⑧ Contactor y botonera

Arranque
Paro

Sello
⑦ CDT
Derivación

CONEXIÓN ANTIEXPLOSIÓN DE UN MOTOR
Norma Underwriter Laboratories

Sello
U doble

⑩ malla de acero flexible
antiexplosión

⑨
XLR codo

⑪ Bornes
⑫ Motor
Antiexp.

CONTINUIDAD A TIERRA EN ARTEFACTOS

Las partes metálicas de un artefacto deben tener continuidad a tierra
según IRAM 2092. La continuidad eléctrica debe darse con el conductor
para tierra, el cual está conectado a un Terminal del cuerpo metálico del
artefacto. La mejor conductividad la dan las partes soldadas. Las partes

con uniones mecánicas a más de estar pintadas pueden tener mucha resistividad y casi aislación con el conductor de tierra.

MEDICIÓN DE CONTINUIDAD A TIERRA

Se somete el armazón del artefacto al paso de una corriente eléctrica, casi tendiendo al corto circuito (obtenemos 25 A), que con el valor de
tensión nos dará una resistencia que pertenece al mismo armazón y que
nos garantiza que el cable de puesta a tierra recibirá las corrientes que
puedan atravesar el artefacto por cualquier avería que se presente. Tener
en cuenta que estamos utilizando una baja tensión de 12 V y que la fuente
o transformador deben ser capaces de proveer esta potencia (12 V y 25 A)
que es de 300 watts.

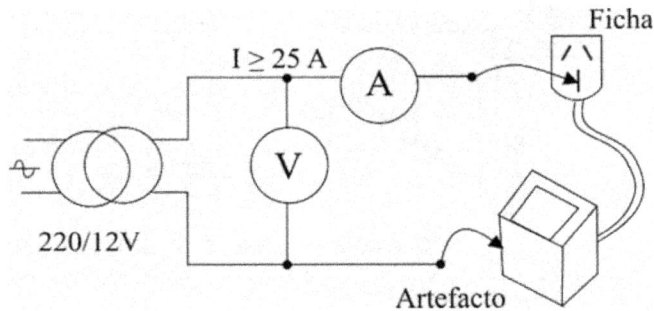

La resistencia medida será
< 0,1 Ω.

$$R = \frac{V}{I} \leq 0,1 \ \Omega$$

si el valor es superior revisar el
artefacto para encontrar el punto
de resistencia más alta, que puede aparecer por pintura, óxido o
una lámina aislante, y también
uniones flojas.

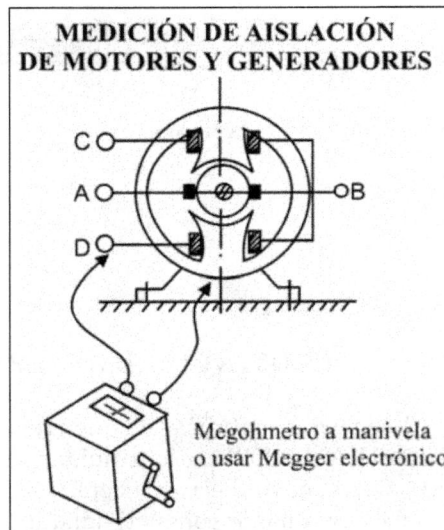

MEDICIÓN DE AISLACIÓN DE MOTORES Y GENERADORES

Megohmetro a manivela
o usar Megger electrónico

1: Prueba de motor completo a tierra: bornes A-B-C-D unidos.

2: Prueba de bobinas solas tocar C o D y tierra.

3: Prueba de escobillas y sus soportes. Levantar escobillas, tocar en A y en B y tierra.

4: Prueba del inducido rotante levantar escobillas, tocar el colector y tierra.

Para potencia < 1 CV debe ser aislamiento mínimo 1 MΩ con Megger de 500 V. Realizar la medición en caliente.

Para potencias mayores:

$$\text{Aislación en M}\Omega = \frac{\text{Volts de trabajo}}{1000 + KVA}$$

1 MΩ = 1 millón de ohmios

En motores monofásicos y trifásicos el procedimiento con los bobinados, ya sean de arranque, auxiliares y de fase en los asincrónicos.

En el caso de los trifásicos se debe sacar el puente de centro de estrella para poder medir cada grupo de fase individualmente.

MOTORES ELÉCTRICOS DE LOS QUEMADORES

Debemos saber que una caída de tensión en la alimentación de un 10% (22V) provocarán una pérdida de torque en el arranque de nada menos que un 20%.

Las corrientes absorbidas dependen de esta tensión, la corriente nominal o de placa es atendible a los efectos de la temperatura de trabajo del bobinado, pero si ésta corriente es mayor y llega hasta un aumento del 20% puede ser por la construcción del bobinado o también por sobrecarga, las temperaturas mayores averían los motores dado que en el interior del estator, en las ranuras, la acumulación de calor es grande comparado con el valor que tiene la carcaza exterior al tocarla.

Para saber la temperatura de trabajo debe medirse o directamente o por medidor electrónico o por variación de resistencia.

Medición de voltaje y corriente

Debe realizarse con voltímetros y amperímetros exactos y de acuerdo a l aplaca de características.

Prueba de tierra y de bobinas abiertas

El bobinado debe estar aislado totalmente de tierra. Cuando hay dos arrollamientos como ser arranque y marcha deberán separarse para volver a medir en caso de que hagan contacto con una puesta a tierra.

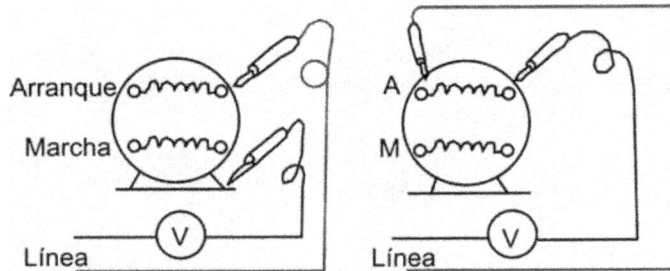

Si el bobinado está
a maso o tierra el
voltímetro indicará
un valor de tensión.

Si el bobinado está
cortado el voltímetro
no indicará valor
de tensión.

A: tensión
M: marcha

Una bobina en corto circuito tiene menor resistencia y absorbe más corriente que una igual a ella.

Los cortocircuitos en bobinas producen puntos calientes que pueden detectarse por los sentidos que tenemos.

Los rotores tipo jaula de ardilla se revisan por barras cortadas. (Ver mi obra Manual de Mecánica y Electricidad de Editorial Alsina en pág. 115)

En motores monofásicos con centrífugo para eliminar el devanado de arranque puede suceder que no conecta o que no desconecta. Con un amperímetro puede medirse la corriente y determinar ambas cosas por la ausencia de indicación o por una indicación persistente con el motor girando a su velocidad (m) correspondiente.

Pudiese ser que los bobinados de arranque y marcha se estén tocando en algún sitio.

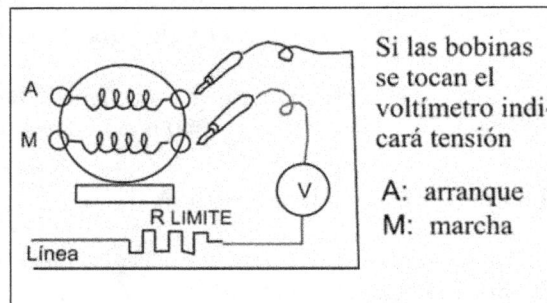

Si las bobinas
se tocan el
voltímetro indi-
cará tensión

A: arranque
M: marcha

APÉNDICE

ALGUNAS INDICACIONES A TENER EN CUENTA
PARA CONEXIÓN DE QUEMADORES A HORNOS

Sacados de las Disposiciones, Normas y Recomendaciones para uso de Gas Natural en Instalaciones Industriales, GAS DEL ESTADO 1989 y actualmente ENTE NACIONAL REGULADOR DEL GAS.

Los hornos de calentamiento pueden aplicar la llama directamente sobre el producto en proceso o también aplicar el calor directamente pasando los gases del quemador por zonas laterales o a través del calor de otro fluido. Las temperaturas pueden ser menores a 730 °C y también mayores de éste valor.

La combustión se monitorea con controles de llama por detección UV (ultravioleta), por varilla de rectificación (o ionización) y por termocupla.

Se controlará como mínimo el quemador y por sistema común al quemador y al piloto.

También puede haber controles límite de B.P. y A. P. (Baja y Alta presión) de gas. El aire puede controlarse también con un contacto sensible al flujo del mismo. Para el encendido se barrerán los hogares para renovar el aire como mínimo 5 veces el volumen del mismo hogar.

Generalmente los sistemas funcionan en automático pero aún de no ser así es aconsejable colocar en la línea de gas al quemador una válvula automática de cierre que trabaje velozmente en caso de seguridad.

Para mayor potencia arriba de 300.000 Kcal/h deberán ser dos las válvulas de cierre automático. Entre las válvulas de cierre se coloca una válvula de venteo también comandada.

DISEÑO DE RESISTENCIA
PARA CALENTAMIENTO

Para proceder a fundir alquitrán para unión de pisos de madera tenemos un soporte de resistencia o alojamiento de la misma en el artefacto, éste soporte tiene un largo de 1 metro. Dentro de él se coloca el resistor con las espiras separadas.

Como el artefacto será conectado en obras domiciliarias nos proponemos una corriente de 13 A como máximo para no recargar líneas ni quemar tomacorrientes. Por supuesto que el sistema es monofásico a 220 V. La sección transversal del alojamiento nos permite usar una resistencia arrollada sobre una varilla rígida de 5 mm de diámetro.

Deseamos llegar a los 600 °C en el alambre para radiar calor al recipiente que contiene el fluido a licuar.

Usaremos alambre de cromo-níquel (Nicromo) con diámetro de 1 mm (sección 0,785 mm^2).

Dicho alambre tomado de tablas del libro de cálculo de resistencias de A. Celay Mora nos da:

$R = ohm/metro = 1.4681$
$I = $ intensidad amperes $= 11,1$ (para obtener la temperatura deseada)

El largo del alambre según el diámetro dado y la varilla a usar para enrollar:

$$L = \frac{\pi}{1} \cdot (5 + 1) = 18,84 \ cm / cm = 0,1884 \ m / cm$$

5 mm es el diámetro de la varilla (diámetro ext.).
1 mm es el diámetro del alambre.

El valor hallado son m de largo por cada cm del alambre arrollado y apretado contra la varilla.

Según la intensidad admisible 11,1 Amp para 220 v, la resistencia será:

$$R = \frac{220}{11,1} = 19,819 \ \Omega$$

Para obtener esa resistencia de 19,819 ohm con el alambre de 1 mm de diámetro necesitamos:

$$L = \frac{19,819}{1,4681} = 13,499 \ m$$

1,4681 son los ohm/m
L = largo en metros

El largo de la resistencia comprimida en la varilla es:

$$\ell = \frac{13,499 \ m}{0,1884 \ ^m/_{cm}} = 71,65 \ cm = 0,7165 \ m$$

Tenemos en la ranura o alojamiento disponible 1 metro nos sobran 0,30 aproximadamente para estirar el alambre y separar las vueltas para que las espiras no se toquen.

La potencia de la resistencia es:

$$P = 220 \ . \ 11,1 = 2442 \ W$$

Densidad de corriente en el alambre:

$$\delta i = \frac{11,1}{0,785 \ mm^2} = 14,14 \ ^A/_{mm^2}$$

0,785 mm^2 sección del alambre
El valor de δ es admisible

El producto recibirá 2.450 W por hora y aprovechará un 60% por rendimiento este valor pasado a Calorías/h dará el calentamiento del mismo según peso y diferencia de temperatura con el calor específico correspondiente.

Elección de quemador para tanque

Elección del quemador e instalación en el mismo para un tanque horizontal de chapa de acero que contiene asfalto para mantenerlo licuado a la temperatura determinada. El volumen interior actual del tanque es de 56 m^3 que no será el volumen del asfalto dado que haremos un tubo pasante por su interior que servirá como caja de fuego, además dejaremos en el nivel del líquido un espacio de aire que comunique con un tubo de venteo (llenado máximo 95%). El tubo pasante que será soldado a las placas anterior y posterior del tanque tendrá un diámetro exterior de 520 mm por un largo de 8 metros nos da un volumen de 6,79 m^3 con lo cual el volumen de alquitrán a calentar será: 56 m^3 – 6,79 m^3 = 49,21 m^3 con el espacio libre 49,21 . 0,95 = 46,74 m^3 volumen efectivo a calentar.

Partiendo de una temperatura ambiente de 2 °C para usar un caso tendiendo a extremo y adoptando una temperatura final deseada de 90 °C el calor necesario será siendo Q = calorías

$$Q = C_e.m.(t_f - t_i) = 0,45 \ Cal/kg. \ 52349 \ kg.(90 - 2) = 2073020 \ calorías$$

Aquí hemos empleado:

C_e = Calor específico alquitrán = 0,45 Cal/kg
m = peso del alquitrán 52349 kg. (90-2) diferencia de temperatura
Tomado de un peso específico de 1,12 kg/dm^3 y volumen 46740 dm^3

Si estimamos llegar al valor final de temperatura en 24 horas las calorías a agregar por hora deberían ser:

$$Cal/h = \frac{2073020}{24} = 86376$$

Elegimos un quemador de 150000 Cal/h dado que tenemos un rendimiento del sistema del 60% por lo tanto.

$$Cal/h = 86736 . 1,4 = 121430$$

Así nos cubrimos de gastos por transmisión del calor al exterior y rendimiento del fuego en el tubo de hogar. El 60% es una estimación de referencia.

El consumo de gas oil será:

$$kg/h = \frac{150000 \ Cal/h}{10680 \ Cal/kg} = 14 \ kg/h$$

Siendo 10680 Cal/kg el poder calorífico del gasoil.
El caño que forma la caja de fuerza tiene una superficie interior de (llamamos Sc)

$$Sc = \pi . 0,52 \ m . 8 \ m = 13 \ m^2$$

Según datos de manuales la "carga media de la superficie de calefacción" para calderas de hogar interior es de 20 a 23 $kg/m^2 h$ (los kg referidos al vapor de agua a producir; que tendrá 630 Cal/kg; con esa superficie de calefacción Sc.

El vapor equivalente producido por el quemador es:

$$\text{Vapor producido} = \frac{150000 \; Cal/h}{639 \; Cal/kg} = 235 \; kg/h$$

Con la carga media sacada del manual comparamos la muestra:

$$\text{Carga media} = \frac{150000 \; Cal/h}{639 \; Cal/kg} = 235 \; kg/h$$

Como vemos la superficie de calefacción es mayor a la necesaria pero a los fines de la transmisión del calor está bien.

Verificaremos la cámara de combustión o tubo de fuego en este caso:

Si q_f = carga calorífica del hogar $Cal/m^3 h$
siendo V_f volumen cámara de combustión = 6,79 m^3

Para hogares de combustible líquido los manuales nos dan 0,75 a 2,10^6 $Cal/m^3 h$ (podemos tomar 4 con combustible de buena calidad).

$$q_f = \frac{150000 \; Cal/h}{6,79 \; m^3} = 22091 \; Cal/m^3 h$$

Tomando el menor valor dado por el manual

$$q_f = 0,75 \cdot 10^6 = 750000 \; Cal/m^3 \, h$$

Si la carga según nuestro quemador es de $q_f = 22091 \; Cal/m^3 \, h$ que es mucho menos del $q_f = 750000 \; Cal/m^3 \, h$ por lo cual nuestra cámara no está recargada.

TIRO TOTAL (para evacuación de gases)

Siendo D_t = pérdida de tiro en tubo horizontal
d = densidad del gas kg/m^3 = 0,56
f = coeficiente rozamiento del gas sobre acero = 0,014
V = velocidad gas = 6 m/seg
H = longitud tubo = 8 m
g = 9,81 m/seg^2
R = radio hidráulico del tubo en m
d = 0,52 m diámetro del tubo

$$R = \frac{\frac{\pi . d^2}{4}}{\pi . d} = \frac{\frac{\pi . 0,52^2}{4}}{\pi . 0,52} = 0,13 \ m$$

$$D_t = \frac{d}{1000} \left(\frac{f . v^2 . H}{2 . g . R} \right) = \frac{0,52}{1000} \left(\frac{0,014 . 6^2 . 8}{2 . 9,81 . 013} \right) = 0,00082 \ m \ \text{Col de agua}$$

$$D_t = 0,82 \ mm \ \text{col agua}$$

Colocamos una chimenea de 6 m de altura diámetro mínimo 0,25 m
densidad humos 0,56 kg/m^3
densidad aire 1,3 kg/m^3

Volumen gases de la chimenea:

$$V = \frac{\pi . d^2}{4} . H = \frac{\pi . 0,25^2}{4} . 6 = 0,29 \ m^3$$

Peso gases $P = 0,29 \ m^3 . 0,56 = 0,16 \ kg$

Peso aire: $P = 0,29 \ m^3 . 1,3 = 0,37 \ kg$

Diferencia pesos $= 0,37 - 0,16 - 0,21 \ kg$

Siendo la superficie o sección de la chimenea: $\frac{\pi . 0,25^2}{4} = 0,050 \ m^2$ el
tiro que obtenemos es:

$$Tiro = \frac{dif. \ pesos}{sección \ chimenea} = \frac{0,21 \ kg}{0,050 \ m^2} = 4,2 \ kg/m^2 = 4,20 \ mm \ col \ de \ agua$$

el tiro es mayor que la pérdida, está bien dimensionada la chimenea.

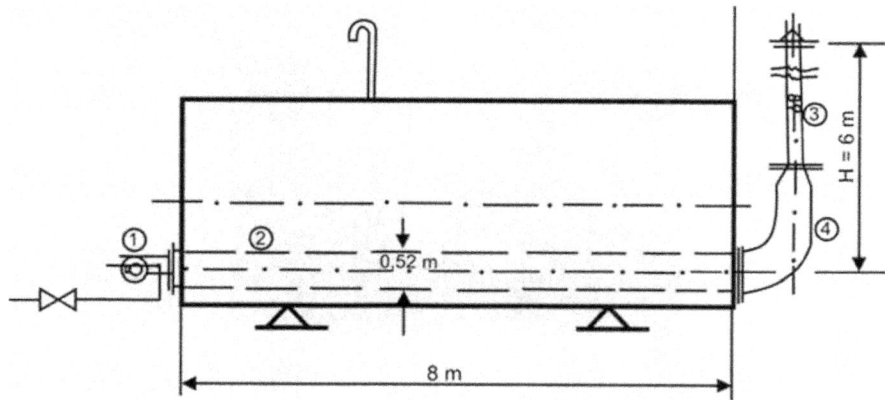

① Quemador con aire forzado para gas oil 160.000 Calorías/hora
② Tubo de fuego longitudinal horizontal
③ Chimenea de chapa diámetro 10 pulgadas
④ Ensanche de salida

A continuación se muestran fotografías de esta instalación.

HORNOS ELÉCTRICOS CON CONEXIÓN TRIFÁSICA

Cuando se necesitan potencia de calor más elevadas no alcanza con resistencia monofásicas, por eso usamos las tres fases conectando en estrella o en triángulo parecido a como conectamos los motores asincrónicos. Cada resistencia está sometida a dos fases en la conexión triángulo, y a fase y centro de estrella en la conexión estrella.

Si la red es de 380 V cada resistencia en triángulo está sometida a 380 V y en estrella a 220 V o sea 380/1,73.

Circuito trifásico en estrella

Ejemplo: Red 380 V, potencia total 15.000 Watts; la intensidad por fase será 22,81 A, o sea cada ramal absorbe 5.000 Watts.

La resistencia en ohm será $5.000 / 22,81^2 = 9,61$ ohm en cada ramal estrella.

Circuito triángulo

Tensión 380 V sobre cada resistencia. La intensidad de línea es 15.000 Watts/1,73 x 3,80 = 22,81 A.

En cada ramal la intensidad es 13,18 A. La resistencia al ramal será $5.000 / 13,18^2 = 28,78$ ohm.

Otro ejemplo

Se desea construir un horno trifásico a resistencia de 10 Kw a 220 V. La intensidad total es 10.000/1,73 x 220 = 26,31 A.

La resistencia en estrella por cada rama valdrá 220/1,73 dividido 26,31 = 4,85 ohm

En triángulo serán 14,5 ohm

GENERACIÓN DE VAPOR

Definición: caldera es un recipiente cerrado que genera vapor de agua a presiones superiores a la atmosférica, absorbiendo parte del calor que desarrolla la combustión en el hogar.

La caldera consta de: cámara de agua y cámara de vapor ambas en un colector cilíndrico generalmente horizontal. La cámara de combustión o llamada hogar y el conducto de salida de gases calientes ya quemados hacia la chimenea vertical. Paralelo al cuerpo de cámaras de vapor y agua posee un haz tubular que recibe el calor de los gases y a veces partes de las llamas que calientan el agua en forma más activa. El calor se transmite en las calderas por radiación desde las llamas, convección y conducción.

El agua calentada para el estado de vapor a partir de la temperatura de ebullición a la presión que se encuentra. Mientras se vaporiza, la temperatura permanece constante. Según cambia la presión, cambia la temperatura. El vapor formado y acumulado en la cámara estando en contacto con el agua es vapor húmedo. El calor suministrado es calor de vaporización.

Tenemos volumen de agua a la temperatura de vaporización en m^3/kg. El vapor saturado seco está también en m^3/kg.

El calor de vaporización lo llamamos calor latente y es el calor para vaporizar 1 kg de agua a presión constante sin aumento de temperatura y se da en $Kcal/kg$.

El calor para calentar el agua hasta que empiece la vaporización es $Kcal/kg$, llamado calor sensible.

Para el vapor húmedo aplicamos el valor llamado título, es el peso de vapor seco en kg contenido en 1 kg de la mezcla vapor y agua.

Agregando calor al vapor formado, tenemos el vapor sobrecalentado con mayor temperatura pero a la misma presión.

Algo más sobre vapor

Una característica del vapor es su alto contenido de calor. Se distribuye en tuberías y puede regularse su caudal y presión para adaptarlo al uso que se le da.

Calor sensible: el calor entregado al agua hasta hacerla hervir se llama "sensible".

Calor latente: si seguimos entregando calor al agua hirviente comienza la formación de vapor debido justamente a este calor adicional que denominamos "latente".

El vapor se ha transformado en "saturado seco".

Ejemplo: partiendo de agua a 0 °C y llegando a la temperatura de ebullición 100 °C con presión atmosférica. Si es 1 kg de agua tomó 100 *Kcal* (calor sensible). Para pasar al estado de vapor se añaden 539 *Kcal* más (calor latente).

Se obtiene 1 kg de vapor saturado seco a presión atmosférica. Al continuar agregando calor al vapor saturado lo convertimos en vapor sobre calentado estando siempre a la presión atmosférica.

Si este proceso lo hacemos a presión menor que la atmosférica, todo sucede a menor temperatura.

A mayores presiones que la atmosférica el proceso se cumple a mayores temperaturas variando el calor sensible para mayores valores y el calor latente será menor. De las tablas de vapor tomadas de los manuales, sacamos valores aplicables a ciertas calderas de uso en la industria pequeña.

ρ atm	$t°$ °C	Calor total *Kcal*	Calor sensible	Calor latente	Volumen m^3/kg
1	99,9	638,5	99,12	539,4	1,725
2	119,62	645,8	119,87	525,9	0,9016
5	151,1	655,8	152,1	503,7	0,3816
8	169,61	660,8	171,3	489,5	0,2448
10	179,04	663,0	181,2	481,8	0,1981
20	211,38	668,5	215,8	452,7	0,1016

Observamos entonces en esta pequeña tabla como a mayor presión sube la temperatura, aumenta el calor total en Kcal, aumenta el calor sensible para ebullición del agua, pero baja el calor latente al recibir agua más caliente previa.

Superficie de calefacción

Se expresa en m^2 y es el área en contacto con el fuego o gases calientes y por otro lado en contacto con el agua.

No puede hacerse la superficie de calefacción sumamente grande porque debe tratarse de que los gases lleguen a la salida con una temperatura más alta, que evite condensaciones en el punto de rocío y que además fluyan por efecto del tiro natural.

Como el hogar tiene distintas etapas desde fuego vivo hasta gases combustionados calientes, debemos expresar que hay la denominada "superficie de calefacción directa" que recibe el calor por radiación de llamas.

La "superficie de calefacción indirecta" que está en contacto con los gases calientes ya combustionados.

Las dimensiones de la superficie de calefacción se calcula según la producción de vapor deseada en *kg/hora* y por valores experimentales se toma la "carga de la superficie de calefacción".

Entonces:

$$\frac{Producción\ de\ vapor}{Superficie\ de\ calefacción} = \frac{kg/h}{m^2}$$

$$Sup.\ de\ calef. = \frac{Prod.\ de\ vapor\ total}{Prod.\ de\ vapor/m^2}$$

Ejemplo:

$$Sup.\ de\ calef. = \frac{1000\ kg/h}{30\ kg/m^2} = 33\ m^2$$

Resultado para una pequeña caldera tipo marino.

Producción específica de vapor

Es la relación:

$$\frac{Producción\ de\ vapor\ kg/hs}{Superficie\ de\ calefacción\ m^2}$$

Valores en varios tipos de caldera:

verticales	15 $kg/m^2\ h$
de hogar interior	20 a 23
marinas	25 a 50
de tubos de agua	25 a 40
de tubos de agua y superficie de radiación	40 a 80
de radiación	80 $kg/m^2\ h$

Vaporizaciones específicas para algunas calderas para combustión normal.

caldera de hogar interior	20 a 22 $kg/m^2\,h$
semitubular de tubos de humo	14
multitubular	17
tubos verticales	20
de hogar interior y tubos de humo	16

Carga térmica de la superficie de calefacción

Se da en *Kcal/hora m²*

Vapor normal

El peso del vapor que se obtiene con una cantidad de calor vaporizado a 100 °C con agua partiendo de 0 °C se llama vapor normal.

El calor requerido es 640 *kcal/kg* de agua.

Para hacer comparaciones con otras calderas se toma la presión de la caldera que genera *D: kg/h* de vapor desde agua a t °C la vaporización equivalente es, llamando D_n a ese valor.

$$D_n = \left(\frac{Entalpía\ de\ 1\ kg\ de\ vapor\ generado}{Entalpía\ de\ 1\ kg\ de\ vapor\ normal} \right) . D$$

D es el vapor producido en kg/h por la caldera a comparar.

Capacidad de vaporización de una caldera

La capacidad de un generador de vapor son los *kg/h* de vapor producido, indicando la presión y temperatura, como así la temperatura del agua de alimentación.

La Asoc. de Ing. Mec. de EE.UU. define como la cantidad de calor en B.T.U. para evaporar 34,5 *lb* de agua/h desde 212° F.

Cantidad que es 33472 *BTU/h*. Este valor es el "HP de caldera".

1 HP caldera = 33472 *BTU/h* = 8535 *Kcal/h*

Una caldera que produce *D = kg/h* tendrá:

$$\frac{Entalpía\ del\ vapor\ kcal/h}{8435\ kcal/h\,HP}$$

También por la superficie de calefacción puede determinarse la potencia de una caldera.

Tomando como que cada 10 pie^2 se vaporizan 34,5 lb/h de agua.

$$1 \text{ HP caldera} = 10 \ pie^2 = 0,93 \ m^2$$

$$1 \text{ HP caldera} = 14,22 \ \frac{kg \ vapor \ normal}{m^2 hora}$$

La capacidad de una caldera puede expresarse por:

Sup. Calef. m^2
HP caldera
Kg/h de vapor producido (a P kg/cm^2 y t °C)

$$HP_n = \frac{Sup. \ Calef. \ (m^2)}{Sup. \ eq. \ por \ HP \ (0,93 \ m^2/HP)}$$

HP_n = nominales

Calor suministrado:

$Q = Entalpía \ vapor \ (Kcal/kg) - Entalpía \ del \ agua \ alimentación \ (Kcal/kg)$

Factor de vaporización:

$$f = \frac{Calor \ suministrado \ (Kcal/kg)}{Calor \ latente \ del \ vapor \ normal \ (640 \ Kcal/kg)}$$

$$HP_r = \frac{Vaporización \ real . f}{Vaporización \ eq. \ al \ HP \ (14,22 \ kg/h)}$$

HP_r = reales

Ej.: caldera de 90 m^2 de sup. calef. da 3000 kg/h de vapor sobrecalentado a 350 °C y 20 kg/cm^2 de presión con agua a 65 °C.

Determinar: HP_n; HP_r

$$1 \text{ HP caldera} = 10 \ pie^2 = 0,93 \ m^2$$

$$HP_n = \frac{90}{0,93} = 96,77$$

Entalpía vapor sobrecalentado a 350° y 20 kg/cm^2 = 748,5 $Kcal/kg$.
Entalpía del agua a 65 °C = 65 $Kcal/kg$.

$$Q = 748,5 - 65 = 683,5 \ Kcal/kg$$

$$f = \frac{683,5 \ Kcal/kg}{640 \ Kcal/kg} = 1,05 \qquad \text{(factor de vaporización)}$$

$$HP_r = \frac{3000 \ kg/h.1,05}{14,22 \ kg/HP_n} = 221,5 \ HP$$

El vapor de agua no es solo necesario para realizar trabajo en los motores de vapor y turbinas en las centrales de energía, sino también para calefacciones y en las industrias químicas que usan caudal y temperatura del vapor.

Los equipos de combustión para las calderas, los hemos tratado en otro capítulo de este libro, sin olvidar que en muchas calderas también se queman carbones, vegetales secos, carbón en polvo y otros. Cada instalación con su particularidad constructiva adaptable a lo que se quema.

Como ejemplo da calderas trataremos brevemente las de hogar interior de la cual hemos realizado un croquis. El tubo de hogar interior se hace ondulado para que resista el momento de flexión al cual es sometido. La caldera en su cuerpo exterior lleva un aislamiento de fibra de vidrio u otro más moderno. No existe calentamiento de la cámara de vapor dado que la transmisión calórica con el vapor y gases calientes es deficiente.

La caldera tiene un contenido de agua grande para la potencia de que se trata y sirve como reservorio de calor y acepta oscilaciones de carga.

La caldera tiene tres pasos de gases calientes, uno por el hogar interno y dos por haz tubular con una cámara interna de reenvío. Los tubos que son de paso interno de gases (humo tubulares) son de pequeño diámetro con lo cual se obtiene una superficie de calefacción grande. Es fácil de limpiar por puertas en las cámaras. En el hogar se monta el mechero de aceite combustible con bomba presurizadora y ventilador soplador para aire primario. También se usan quemadores para gas natural.

Algunos datos interesantes de las calderas son: presión máxima de vapor 16 a 20 kg/cm^2; carga de la superficie de calefacción 35 kg de vapor por m^2 y hora potencia máxima continua 5 tn de vapor por hora; diámetro del cuerpo externo 2 a 2,6 m; superficie de calefacción 50 a 160 m^2.

En el dibujo que presentamos de la caldera humotubular horizontal el fuego del quemador recorre el tubo de humos 8 y al llegar al final se encuentra en la cámara de reenvío 7 donde entra el haz tubular llamado de primer tiro o primer paso, recorre este paso y se encuentra al final en la cámara frontal de reenvío 12, allí ingresa el segundo paso y recorriendo este haz de tubos llega al final al colector posterior de humos 9 y luego al conducto hacia la chimenea 10. El agua cubre totalmente el haz tubular y el tubo de humos 8 con lo cual tenemos la superficie de calefacción directa en su totalidad.

El refractario 2 protege a las chapas de la fuerte aplicación de fuego, al salir del quemador. En catálogos de fabricantes de calderas como GONELLA de Esperanza SANTA FE o FONTANET de RAFAELA se pueden observar calderas con sus medidas y detalles de construcción. Chapas soldadas y tratadas en hornos especiales.

Unos datos interesantes son los tamaños de los tubos de humo o de los hogares de caldera. Debe tratarse que se termine la combustión dentro del hogar y no salga hacia la chimenea. Para ello debe quemarse 35 kg/h de fuel oil por cada m^3 de hogar (350.000 $Kcal/m^3$ $hora$).

Una relación que tomamos es 1/8 a 1/10 de cámara de combustión/ superficie de calefacción.

CALDERA DE TIRO TRIPLE (Tres pasos)
HORIZONTAL HUMOTUBULAR

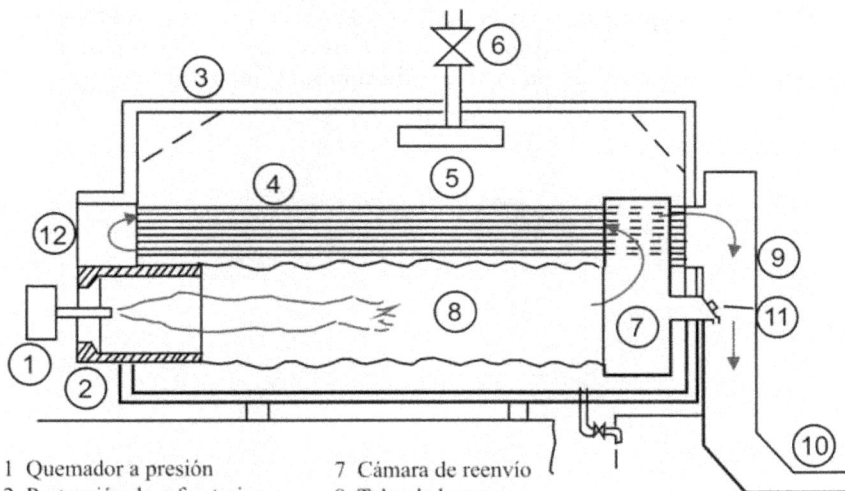

1 Quemador a presión	7 Cámara de reenvío
2 Protección de refractarios	8 Tubo de humos
3 Cuerpo de caldera	9 Colector posterior de humos
4 Haz tubular	10 Conducto de humos
5 Cámara de vapor	11 Puerta de limpieza cámara
6 Válvula descarga vapor	12 Cámara de reenvío

HORNO CON RECIRCULACIÓN DEL GAS COMBUSTIONADO MEDIANTE VENTILADOR

La cámara del horno está construida en chapa de acero común o en acero resistente al calor.

Posee puertas para el ingreso de los moldes, una de ellas tiene un agujero para el paso del eje rotativo del molde que es motorizado por un motoreductor externo al horno. Durante la combustión el molde gira y se hace el proceso del plástico u otro material.

Como al encendido del quemador puede haber alguna sobrepresión y quizás una corta explosión, la cámara posee en uno de sus laterales una ventana simplemente cerrada por su propio peso que puede abrirse sola en algún caso, indicada N° 16 en el croquis.

El quemador tiene un tubo de mezcla gas y aire para combustión que son concéntricos y colocado en forma axial con los gases de recirculación que salen del ventilador.

Los conductos de entrada de gases calientes al horno y al conducto de recirculación deben aislarse con lana de vidrio u otro, ya que emiten mucho calor al exterior.

En todos los casos se debe proveer al sistema de combustión de control de llama.

Tener en cuenta de hacer el barrido de los gases con el ventilador de aire primario del quemador. El barrido es programado para que se efectúe siempre antes de encender el piloto de gas o el quemador principal.

Pueden verse en el croquis, que en la cámara del horno hay colocados varios álabes fijos de guía para el gas de combustión caliente.

HORNO CON RECIRCULACIÓN DEL GAS COMB.
Para proceso de plásticos y pinturas especiales, etc.

1 - Entrada del gas natural
2 - Control de caudal gas y **S** control aire
3 - Válvula comandada para combustión
4 - Pantalla plana del quemador y fuego desde
    el tubo de mezcla concéntrico
5 - Persiana control caudal gases recirculados
6 - Ventilador centrífugo recirculador
7 - Conducto de gases calientes
8 - Cámara del horno
9 - Deflectores guiadores aerodinámicos
10 - Circulación gases calientes
11 - Conducto de retorno o recirculación
12 - Puertas del horno de dos hojas
13 - Ingreso zorra con producto a calentar
14 - Conducto de salida humos a la atm.
15 - Registro de salida

Aire primario para combustión

S Servomotor

tubo de
mezcla

BIBLIOGRAFÍA

- Manual del Montador Electricista del Ing. Edoardo Barni, Editorial HOEPLI de Milán.
- Resistencias Eléctricas Arturo Celay Mora, Editorial SINTES, Barcelona.
- La Escuela del Técnico Electricista, Hans Teuchert, tomo I, Ed. LABOR, Barcelona.
- Manual del Ingeniero Electricista Archer Knowlton, Ed. LABOR, Barcelona, tomo I.
- Manual del Ingeniero Civil e Industrial de la Academia HUTTE tomo III, Ed. LABOR, Barcelona.
- Manual del Ingeniero Mecánico Burmeister y Marck, Ed. LABOR, tomo II, Barcelona.
- Folleto de la fábrica de quemadores EQA, Bs. As.
- Folleto de la fábrica de quemadores RUBCAR.
- La combustión Guliano Salvi
- Folleto Controles BRAHMA por detección de llama.
- Electrónica Industrial de Humphries – Sheets, Ed. Paraninfo, Madrid.
- Folleto Quemadores NORKEL.
- Folleto calderas HENSCHEL (GONELLA)
- Generación de vapor Marcelo Mesny, Ed.
- Manual del Constructor de Máquinas H. Dubbel, Ed. LABOR, Barcelona
- Revista ELECTRO GREMIO (actual ELECTRO SECTOR).
- Manual del Electrotécnico Moeller, Ed. LABOR.
- Manual de Servicio de Quemadores STEINER.
- Manual de la revista POWER de Mac Graw Hill de Estados Unidos.
- Folleto de antiexplosivos de Olivero y Rodríguez.
- Folleto de antiexplosivos de Delga
- Boletín EMEGE para el instalador de gas.
- Apuntes de Electrotecnia I; E.I.S., Prof. Steiner
- Accionamiento mediante motores asincrónicos trifásicos; Sobrevila M. A., Editorial Alsina.
- Tuberías, Raúl Varetto, Editorial Alsina.
- Folleto EFRAM Capital Federal, Edición Año 2000, Editorial Empresa ESIMET (Especialistas en calefacción).

www.ingramcontent.com/pod-product-compliance
Lightning Source LLC
Chambersburg PA
CBHW051226200326
41519CB00025B/7258